"十四五"普通高等教育本科部委级规划教材

中原工学院教材建设项目

纺织品纹样设计

FANGZHIPIN WENYANG SHEJI

吴聪 等 编著

U0241817

中国纺织出版社有限公司

内 容 提 要

本书从纺织品纹样概述着手，介绍相关基础概念，针对纺织品纹样要点，从造型、色彩、肌理、空间表达展开分析，继而深入探讨纺织品纹样设计中重复性，以及秩序化构建的设计方法。通过解读不同艺术门类与纺织品纹样的关系，拓展设计者视野。通过简要介绍纺织品纹样实现工艺，使读者理解工艺对于呈现纹样效果的指导意义。

本书可供纺织、服装等相关专业师生在图案设计、纺织产品设计、面料创意设计等方面参考学习，也可作为相关领域研究者和爱好者的参考读物。

图书在版编目（CIP）数据

纺织品纹样设计 / 吴聪等编著 . -- 北京：中国纺织出版社有限公司，2023.5

"十四五"普通高等教育本科部委级规划教材

ISBN 978-7-5229-0418-4

Ⅰ.①纺… Ⅱ.①吴… Ⅲ.①纺织品 — 纹样设计 — 高等学校 — 教材 Ⅳ.①TS194.1

中国国家版本馆 CIP 数据核字（2023）第 048829 号

责任编辑：刘美汝　华长印　　责任校对：江思飞
责任印制：王艳丽

中国纺织出版社有限公司出版发行
地址：北京市朝阳区百子湾东里 A407 号楼　邮政编码：100124
销售电话：010—67004422　传真：010—87155801
http://www.c-textilep.com
中国纺织出版社天猫旗舰店
官方微博 http://weibo.com/2119887771
天津千鹤文化传播有限公司印刷　各地新华书店经销
2023 年 5 月第 1 版第 1 次印刷
开本：787×1092　1/16　印张：14.5
字数：255 千字　定价：69.80 元

前言
PREFACE

　　纺织品作为关乎百姓生活的必需品，衣、食、住、行均可见其踪迹，其纹样设计从艺术审美、文化寓意等方面更是承载着民众对美好生活的向往。在设计日趋复杂化、多元化、人工智能日益挑战人类知识与能力的背景下，纺织品纹样的设计风格、主题、内容、表达方式等必然发生根本变化，专业知识的边界与维度不断拓展，呈现出空间性、叙事性、动态性等新趋势。《纺织品纹样设计》教材的建设与编著亦应具有国际视野和创新思维等教学观念，具备与时俱进、符合当下业态、解决实际问题的案例分析理念。

　　基于此，本书在编著时以创新思维构建为导向，以服务生活为原则，重点训练学生熟练掌握纺织纹样设计的方法、步骤及应用，提升学生思维能力、分析能力、审美能力。案例分析的时尚性和创新性，信息拓展的前瞻性与综合性，为学生展开设计实践提供一定的参考。本书强调学以致用，理论与实践相结合，以赛促学，结合明远杯、海宁杯、震泽杯等专业学科竞赛推进课程设计作品成果转化，书中部分案例为学生课程设计实践作品。

　　本书围绕纺织品纹样设计展开系统性探讨，分为纺织品纹样概述、纺织品纹样设计要点、纺织品纹样秩序构建、纺织品纹样艺术表达、纺织品纹样实现工艺五个章节，各章节既各自独立，又相互作用。"纺织品纹样概述"作为导论，旨在介绍纺织品的基本概念、种类、纹样分类等信息；"纺织品纹样设计要点"从造型、色彩、肌理、空间角度着重分析纹样设计原理与规律；"纺织品纹样秩序构建"围绕基本形及其衍生图形展开线性重复与面性重复排列构成的设计方法，使学生理解"图"与"底"的关系，知晓纹样的跳接版方法；"纺织品纹样艺术表达"通过归纳总结纹样设计中各类艺术风格的表现特点，阐释不同设计风格产生的条件、原因及不同设计风格的装饰性设计语言表达，以期开拓学生设计视野；"纺织品纹样实现工艺"旨在带领学生认知印染、编织、刺绣等纺织品纹样实现工艺，熟悉各类工艺工具、掌握基本工艺技法，了解新技术、新工艺，为后续深入应用纺织产品、面料创意设计等奠定基础。

本书作为学习纺织品纹样设计的辅助用书，由概念认知逐步提升，读者可遵循自身设计能力特点，有重点、有针对性地进行理论学习与实践练习，循序渐进地根据纺织品纹样设计要点进行相应的创意设计，掌握纺织品纹样设计中骨格设计的方法和步骤。在深入理解、掌握纺织品纹样与各种艺术形式之间关系的基础上，形成系统性思维，并将设计方案物化应用于纺织产品中，设计出符合时代要求的，创意性、时尚性、市场性强的作品。由此树立服务大众、美育生活的设计观念，进而深入思考纺织品纹样非物质层面与大众生活之间的关系。

本书第一、第二章由鲍礼媛编写，第三章由吴聪编写，第四章由任毅编写，第五章由黄芳编写，吴聪统稿。由于水平和条件有限，本书尚存在不足，随着艺术设计相关专业的不断发展，也将有更多需要改进和完善之处，希望广大读者、专家及同行不吝指教，共同促进设计学科的发展！

吴　聪

壬寅季夏

教学内容及课时安排

章（课时）	课程性质（课时）	课程内容		
第一章 （4课时）	基础理论（4课时）	· **纺织品纹样概述**		
		一	认识图案	
		二	纺织品纹样	
		三	形式美法则	
第二章 （20课时）	理论与实践（20课时）	· **纺织品纹样设计要点**		
		一	纺织品纹样造型设计	
		二	纺织品纹样色彩表达	
		三	纺织品纹样肌理表达	
		四	纺织品纹样空间表达	
第三章 （24课时）	理论与实践（24课时）	· **纺织品纹样秩序构建**		
		一	纺织品纹样的秩序	
		二	纺织品纹样的基本形与单元形	
		三	纺织品纹样重复设计	
		四	纺织品纹样的布局	
		五	接版	
第四章 （12课时）	理论与实践（12课时）	· **纺织品纹样艺术表达**		
		一	纺织品纹样与文字	
		二	纺织品纹样与传统绘画艺术	
		三	纺织品纹样与民间艺术	
		四	纺织品纹样与现代艺术	
		五	纺织品纹样与数字媒体艺术	
第五章 （12课时）	理论与实践（12课时）	· **纺织品纹样实现工艺**		
		一	纺织品印染工艺	
		二	纺织品织花工艺	
		三	纺织品刺绣工艺	
		四	纺织品纹样的其他工艺	

目录
CONTENTS

第一章　纺织品纹样概述

第二章　纺织品纹样设计要点

第三章　纺织品纹样秩序构建

第四章 纺织品纹样艺术表达

第一章 PART 1

纺织品纹样概述

本章重点：本章教学重点在于掌握图案与纺织品纹样的基本概念，在了解图案的概念、起源发展、艺术特点及其应用的基础上，进一步掌握纺织品纹样的概念、类别及形式美法则。

本章难点：本章教学难点在于如何引导学生在了解纺织品工艺的基础上更好地掌握纺织品纹样的特点及类型，使学生能够在纺织品纹样设计中熟练应用形式美法则。

第一节　认识图案

图案是一种美术，对于美的原则与制作方法等，具有自然的系统。

——陈之佛《图案构成法》

随着信息时代数字化技术的快速发展，人们进入读图时代，无论传统媒介还是新媒介都有大量的图案、图像。图案作为生活中必不可少的元素，具有生动、形象、直观等特点，是设计中非常重要的一个环节，也是人们表达意向、呈现思想、承载美学的重要载体。要想系统地掌握图案设计及其应用变化，首先需要认识图案，了解图案的概念与分类、起源与演变、应用与发展；接着通过观察自然、生活，去梳理、总结其中所蕴含的物象之美和形式美规律；然后通过系统的学习，掌握图案设计的基本原理，灵活运用图案的设计语言，能够从生活、自然及传统文化艺术中捕捉灵感，在设计方法的指导下完成图案设计并应用于产品。

一、概念区分

（一）图案的概念

图案教育家陈之佛先生在1928年提出："图案是构想图。它不仅是平面的，也是立体的；是创造性的计划，也是设计实现的阶段。"美术家、工艺美术教育家庞薰琹先生提出："图案，就是设计一切器物的造型和一切器物的装饰方案。"图案教育家、理论家雷圭元先生在《图案基础》一书中，对图案的定义综述为："图案是实用美术、装饰美术、建筑美术方面，关于形式、色彩、结构的预先设计。在工艺材料、用途、经济、生产等条件制约下，制成图样，装饰纹样等方案的通称。"

"图案"从字面分析，"图"是指图画，即图形、图像、图样等视觉形态；"案"即图的具体方案，是进行图形和图样制作的具体实施方案。辞海中所阐释的图案定义是："对某种器物在造型结构、色彩、纹饰进行工艺处理之前实现设计的施工方案，制成图样，统称为图案"。从广义的角度来分析，图案就是对于生活中所需物品的外观所展开的设计，包含造型、装饰纹样、色彩、结构、肌理等方面的设计，可见其定义与英文"Design"有着相似的含义，是在实际需求的指引下针对日用产品、建筑等形式进行整体的规划与构想，是为了实现某种目的而进行的创造性活动的设计图样。从狭义的角度来分析，图案仅以装饰为目的，是基于形式美法则的指导下，对于具象事物进行艺术化表达的图形纹样创意设计。

图案是设计师对生活物象的艺术化表达和装饰化处理，图案的设计具有较强的规律性、主观性，需要兼顾审美性和实用性，与我们的日常生活紧密相关，既可以作为装饰陈设用品，也可以应用于日常生活用品。图1-1为庞薰琹先生所设计的壶，壶身造型几何感鲜明，圆中带方，其装饰图案采用中国传统凤鸟与植物搭配，舒展灵动的侧面立凤与简约的藤蔓相辉映，色彩清雅古朴，展现出生活器皿中的图案设计。日常生活中，服装、瓷砖、餐具、建筑、书籍、家具、工艺品等物品中都能够看到图案表现的形式，图案不仅美化了日常生活，治愈了心灵，更是给予生活满满的情趣与仪式感。

图1-1　壶　庞薰琹

（二）图案与其他概念的区分

1. 图形的概念

图形作为视觉表达的基本要素，是人们进行视觉语言沟通的重要方式。通过视觉形态能够更直观生动地进行表达和信息传递。图形是对物象基本形态的概括性提炼与表达，应用于日常生活的各类艺术作品中，也是设计专业学生所应具备的基础学科能力，是各类媒介进行视觉表达的基本视觉形象。图为质，形为文，即内容与形式两者相互依存，图形同样需要兼具图、文的双层含义。2022年北京冬奥会的体育图标，将冬奥会项目的运动特征、身体轨迹通过视觉元素进行提炼，结合中国传统艺术"汉印"风格的表现手法，采用中国霞光红，以图形的方式展现出超越自我的奥运精神与博大厚重的中国传统文化，并通过动态化的图形设计方案生动地展现出冬奥会运动的特点，图文兼并、形神兼备（图1-2）。

图1-2   2022年北京冬奥会体育图标

2. 插画的概念

插画原指附于书籍文字之间的图画，处于艺术与设计之间，对于文字内容具有直观阐释的作用。随着社会和审美的变迁，插画的风格、内容及表现形式也更加多元化。插画不仅只是作为常规内容的补充，也作为设计师或各类媒介进行个人观点表述和社会历史文化积淀的载体。插画视觉冲击力强，内容表现直观，展现出强烈的个性化特征，具备观点输出的力量，并涉及广告、销售、出版、时尚、音乐、社论等领域。如图1-3是由法国插画师乌戈·彼安维奴（Ugo Bienvenu）所设计的爱马仕（Hermes）WOW方巾通过连环漫画的设计形式进行丝巾的装饰表达，打造时尚、幽默且充满趣味的设计风格。

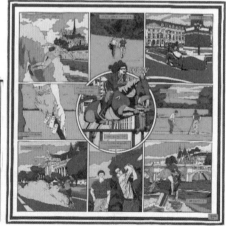

图1-3   爱马仕WOW方巾   乌戈·彼安维奴

二、图案的起源与形成

图案的诞生是基于人们对于生活的体验、归纳和总结，是记录人们生活的视觉符号，人类祖先运用各种装饰图形传递出自我保护的本能，以及生存繁衍的愿望，体现出早期人类本能的美感体验和心理变迁。图案的诞生与人类长期的实践活动有着紧密的联系，渔猎耕种的主题图案反映着祖先的生活方式，以及对于安居乐业的期盼，护符类的主题展现出人类文化初期驱灾避邪、消除恐惧的心理需求。图案不仅仅是一个视觉存在，它体现着人类不同时期的物质需求和精神需求。

图案源于人类的本能，出于人们信息传递、沟通的需要，此外也是对于自然界动植物装饰性特征的天然模仿。它随着人类的文化发展而逐渐形成，源自人类对美好生活渴望的天性、对美的欣赏，从而产生的艺术实践活动。远古时期，人类在洞穴内壁的涂画、在身体上的彩绘、在工具上的划刻，都是人们设计意识、装饰意识的萌芽，体现了早期的生活趣味和审美意识，也是人类基于生存和繁衍的本能需要。这些意识和行为来自人类对于自然的观察和总结，例如，有些动物的皮毛颜色不仅美观，还能起到伪装自己、迷惑敌方的生存价值，绚丽多姿的植物花色能引来蝴蝶和蜂群传送花粉等。

图案虽取材于自然与生活，但并不是对物象的单纯复制，而是基于人类认知所创造形成的新产物。人类在生活、劳作的过程中通过观察、积累，不断地追求着更好的生活，期间不仅掌握了生存技能，更是潜移默化地领悟了节奏、韵律、对称等美的规律，这些规律不仅能够提升劳动效率，也激发了人类深层次的感知和体验，并促进艺术之美、图案之美的形成。从早期出土的石器、陶器等物品上，我们看到简洁的几何、类几何纹饰，这些纹饰来自人们当时对于生活物象的总结提炼，是在有限的条件下所进行的表达和应用，如水纹、绳纹、鱼纹、鸟纹等。这些是人类在生活、劳动中所观察的印迹，组成了我们初始图案的样子。随着旧石器时代向新石器时代过渡，人们的生活水平和对美的感知都不断提升，装饰意识更为鲜明，图案的秩序性和规律性加强。从彩陶纹样中我们就能看到祖先不仅拥有造物能力，也已具备强大的图案设计能力，这些彩陶纹样线条流畅、疏密得当、节奏鲜明、色彩明了、整体协调，巧妙地通过制陶技术呈现出装饰与功能的统一，展现出人类强大的设计意识和早期完美的设计作品典范（图1-4）。这些流传至今的设计作品和生活方式

图1-4 原始社会的彩陶装饰纹样

无不展示着人类对于图案之美及图案应用的理解与不断探索，也呈现出图案伴随人类的文明从起源到形成的历程。

三、图案的艺术特点

图案伴随人类日积月累的应用与探索，已然成为生活中必不可少的设计手法及装饰形式，且形成鲜明的艺术特点。为美化人类生活、实现产品功能、传承人类文明，承担着不可或缺的作用。图案的艺术特点可以从造型、构图、色彩、蕴意几个层面展开。

（一）造型形式化

造型是图案的基础与根本，它源于生活，又高于生活。图案设计的造型形式来源于生活中的物体形态，基于设计者本身的理解角度及创意思维进行演绎，进一步完成对设计对象形态的转变和组合，从而形成别具一格的设计风格。设计对象造型的塑造，并不仅仅是单纯的写生与场景再现，而是基于主观意识，遵循图案的设计格律，针对设计对象进行的艺术化创作。图案的造型设计，需要将采集的素材按照图案设计形式美法则进行程式化的设计转化，从具象到抽象，使其更符合图案的装饰性及可应用性等特点。图1-5为威廉·莫里斯（William Morris）于1936年设计的作品《草莓小偷》，通过将生活中的趣味性画面以主题故事的方式进行画面构成。图案造型在现实花鸟的基础上进行装饰化的艺术处理，将偷食鲜果的鸟儿以侧面站立的形态与植物果叶巧妙组织在一起，通过平面化、对称性的方式进行整体造型设计，形象细腻、层次丰富，造型灵动富有秩序性，传递出鲜活的自然主义气息。

图1-5 草莓小偷 威廉·莫里斯

（二）构图理想化

图案的构图是指在设计师的构思之下，根据造型元素的形态及内容进行画面布局构图，相同的设计元素通过不同的构图方式能够呈现出不同的画面效果。图案构图是在遵循设计原则及美的秩序指导下所形成的，并不受现实存在的约束，可以通过理想化的思维创意进行构图。"构图的关键，主要是研究部分与部分的关系，以及题材的主次关系，部分间的关系不清，就没有统一性，主要与次要不分，就没有重心点，所以在一幅画的构图上，必须考虑宾主、大小、多少、轻重、疏密、虚实、隐显、偃仰、层次、参差等等关系"❶。图1-6所展现的宴乐水陆攻战纹铜壶，作为战国时期的青铜器典范，其装饰纹样的构图形式富于理想化的特点，运用平视体构图，把宏大的宴乐、渔猎、采桑、攻占等场面进行条带状的平面化分层处理，通过剪影式的概括处理呈现出鲜明的视觉秩序性，人物生动富于张力，构图秩序富有层次。

（三）色彩审美化

色彩是图案进行视觉传递的重要因素，具有第一吸引力规律。生活中充满着色彩，无论是自然物还是人造物都被色彩所包围，色彩不仅可以起到装饰的效果，也能够调节人们的心理，具有不可取代的重要作用。相同的设计作品运用不同的色彩搭配方案也能够呈现出不同的视觉美学和情感体验。通过生活中的观察与积累，可以吸纳大自然的配色规律，以及其他优秀作品的配色方案，为图案的设计提供养分。在图案的色彩搭配中，可以借助审美原理和色彩搭配，并融入色彩的情感化演绎。实际应用中的图案需要根据受众对象的需求、应用场景、应用季节、设计主题、设计目的等进行分析后从而展开针对性的设计。如"喜迎新春"系列丝巾设计的色彩搭配吻合中国人对于新年的认知和习惯（图1-7），《宇宙图志》通过奇幻鲜艳的色彩搭配，呈现出充满想象力的宇宙空间（图1-8）。

图1-6 战国宴乐水陆攻战纹的平视体构图

图1-7 喜迎新春 张宝华

图1-8 宇宙图志 爱马仕丝巾

❶ 陈之佛.就花鸟画的构图和设色来谈形式美[J].南京艺术学院学报,2017(4):135-136.

（四）情感寓意化

情感寓意是图案传承演进的精神主旨，"艺术的活动是情感，情感的力量往往比理智强大。情感的表现，与生活经验息息相关，它对社会和个人必有更深、更广的意义。"[1]图案从最初的应用就不仅仅只是单纯的装饰艺术语言，它反映着特定时期的表征意义，从最初的图符到后期应用于生活的各类图案纹样，都展现出了人们在不同时期的情感寄托和思想变迁，也从某种层面展现出人们对于图案意义的追寻。图案通过借物喻情，传递着人们内心深处的期盼和向往，在表达外在的同时向内挖掘，引发形式与情感的双重共鸣，带领人们追求更好的生命价值。在日益发展的社会中，单纯地追求美感而缺乏精神内核，无法满足人民与日俱增的情感寄托和精神需求。图案从最初的萌芽就蕴含着人类的思想动向和象征意义，即使是简单的几何纹饰也承载着时代价值。因此，一个成功的图案设计，是能够兼顾审美性和情感性的。

图案作为人类社会最早出现的艺术形式之一，具有装饰美化生活的功能，特定的图案则具有一定的象征性，也是传播文化的重要载体。在中国传统图案中，经常采用谐音字、比拟指代、联想象征等方式进行情感的表达和传递（图1-9、图1-10）。中国人最爱的"福""寿""禄""喜"经常采用谐音字、比拟指代、联想象征的方式进行表达，如喜鹊与梅花组合的"喜上眉梢"、蝙蝠与寿桃组合的"福寿无疆"、马、鹿、猴构成的"马上富贵、爵禄封侯"等。

此外还包括各类民间传说、民俗文化中的吉祥元素，如"八仙过海""百子图""四合如意""五谷丰登"等内容，可谓是"图必有意、意必吉祥"。

图1-9　清代八宝吉祥纹女夹袄　美国波士顿美术博物馆藏

---

[1] 陈之佛. 艺术对于人生的真谛 [J]. 老年教育（书画艺术）,2020(3):10-11.

四、生活周边的图案

实际上，图案设计既要具有合理的实用性又要体现它的美感，才能满足人们对物质层面和精神层面的双重追求，它通过生动的艺术形象来展示人们的生活、思想，以及社会的现实状况。从历史来看，一切形式的设计都是在图案设计的基础上发展起来的，无论哪类设计领域都离不开图案的滋养。它不但丰富了艺术设计的视觉美感，提升了思想内涵，而且影响着外观造型的设计和材质的运用。造型别致、构图完美、色彩和谐的图案设计具有强烈的艺术感染力，能够丰富

图1-10 明代"国泰民安"蓝地葫芦灯笼纹双层锦

艺术设计的视觉美感，提升思想内涵，促进生活情趣，还可以美化环境，提升生活品位，提高大众的审美鉴赏力，从而满足大众物质层面与精神层面的需求。

（一）生活中无处不在的图案

1. 无处不在的图案素材

只要带着一双善于观察的眼睛，你会发现生活中处处充满着图案，不论是一枝花朵的形态，还是一块岩石的纹理，抑或是一片湖水的涟漪、一抹晚霞的绚烂（图1-11）。不论是远古的祖先，还是懵懂的儿童，都能通过观察在生活中获取到源源不断的图案创作素材。这些素材可以是有形的造型元素，也可以是无形的文化与精神，重点在于观赏者在生活中是否能够带着创造与发现的思维洞察身边的事物。图案并不是独立的存在，而是与人类的生活紧密联系，一个优秀的图案设计师，同样需要对生活充满热爱，对生活的热忱和洞察力是设计思维永葆生机的动力。

2. 无处不在的图案应用

日常生活中，在服装、瓷砖、餐具、建筑、书籍、家具、工艺品等物象中我们都可以发现图案的应用踪迹。丰富多姿的图案是提升生活美学、增添生活情趣的表现手段。从历史来看，一切形

图1-11 生活中的图案素材

式的设计都是在图案设计的基础上发展起来的，无论哪种设计领域都离不开图案的滋养，不论东方还是西方我们都能看到大量依托于图案装饰的，具有民俗文化特色的设计形式。

伴随人类的生活轨迹，不同时期不同地区所出现的图案设计，与人们的生活方式、文化形式有着紧密的联系，这也意味着不同的民族有着不同的图案文化。每个民族、每个国家的图案文化都有着各自的历史延续，孕育了不同的图案形式。中国的传统装饰图案，经过不断地发展演变，从单一性到多样式，从而渗透到人们生活的方方面面，是在不断经历时代变迁、文化融合、移风易俗等长期洗礼后的文化积淀。不同风格的图案代表不同的民族文化，它也蕴含着民族所特有的文化与精神，反映出不同的生活风俗。图案的演变也正是随着生活的发展而产生相应的变化。中国传统艺术虽变化万千，但其文化根基是无法动摇的，从历史的传统中获得营养，不是单纯地为了文化的传承，更重要的是将其内化为自己的东西，从而古为今用、推陈出新。

中国不同时期的各类工艺品都呈现出丰富多彩的经典图案设计，不论是青铜器的**饕餮纹**、**夔龙纹**，还是瓷器的开片纹理与彩绘，抑或是蓝印花布的型版印花，都展现出受限于工艺、时代审美的鲜明设计特色。此外，中国图案的题材包罗万象，从植物、人、动物、文字、几何、建筑、风景等应有尽有，并且呈现出有别于其他国家地区的地域文化特点，如中国传统帝制服饰上的十二章纹就展现了特定时代背景下皇权身份的象征和取物象德的传统（图1-12）。图案源于生活，所承载的装饰作用也与人们的生活需求分不开。需要根据历史的发展变化而变化，以满足当时社会的需求。例如，原始社会图案造型简单，富有动态之感，风格粗狂；商周时期，为了反映严格的等级制度，图案造型普遍具有诡秘、庄严、大气的特点；春秋战国时期，社会发展迅速，文化艺术也得到了快速的发展，该时期图案较之前更为灵动更具现实主义特点，多以弧线、菱形为主的结构形式；秦汉时期的图案整体古朴大气、耐人品味；六朝则更为优雅清秀，具有飘逸不羁之感；隋唐则包容并蓄，富丽典雅、优雅大方；宋元则简练精美、清新雅致；明清则结构精美，内容丰富，传统图案悠久的历史给我们留下了丰富的资料。

国外的图案设计在不同地域及不同发展阶段，也呈现出鲜明

图1-12　明代皇帝画像的十二章纹　台北故宫博物院藏

的特点，如古埃及的壁画图案、古希腊的花瓶图案、非洲的蜡染图案、英国的莫里斯图案、印度的纱丽图案，无不呈现着缤纷多彩的图案装饰世界（图1-13）。可见，每个民族和国家的文明推进历程中都蕴含着丰富的图案，它们或许仅作为装饰或许具有某种文化意蕴和功能指示，总之，也在某种程度上说明，图案是人类历史文明的重要见证。

图1-13　古埃及壁画及古希腊瓶画

（二）现代生活中的图案设计应用

图案是一种基础的装饰设计形式，其应用往往依附于某种载体进行风格呈现和美学表达，如建筑、服装、珠宝、产品、展示、室内设计，以及新媒体等。图案能够带领人们从美的角度深刻地认识世界，它不仅仅是专业问题，也不止是造型要素、形、色、材的表达，更是一种文化构建、一种精神享受。因此，图案作为信息交流的媒介，直观的视觉及强烈装饰效果带给人美的享受，充斥于生活的周边，无论是雕梁画柱的建筑还是绚丽多彩的服饰，甚至一桌、一椅、一杯、一碟，均可见或繁或简的图案装饰在其中。

庞薰琹在《图案问题研究》中写道："图案设计的工作不仅仅是简单地画一些花花草草而已，图案运用范围十分广泛。环视一下我们周边，放眼望去的东西多多少少都与图案设计工作有关。如我们衣服上的纽扣，不同的纽扣有着不同的花纹，而这样不同样式的花纹设计便是图案设计。提到纽扣不得不说我们所穿的衣服，更是多种多样，样式各不相同的服装也是图案设计。还有从我们日常生活中所用的凳子、桌子等家具来看，对设计要求不仅用起来要舒适，看起来也要舒适，这样家具的设计也是图案设计的工作。"（图1-14）总之，生活与图案设计是息息相关的，两者相互作用、相互成就。脱离生活的图案设计是脱离实际、没有支撑根基的；

图1-14　庞薰琹先生设计作品　庞薰琹美术馆藏

没有图案文化的生活是枯燥乏味的，是原地踏步的，因此，要将"形式美"体现在生活之中。庞薰琹《工艺美术设计》画册是以实用性为目的的，画册中装饰图案的主要载体有瓶、壶、方匜、碗、地毯、床单等生活用品。通过对陶器、毛织等器皿的设计，可以将传统文化运用到日常生活之中，通过造型与装饰图案相配合，做到兼顾功能性、审美性、文化性、工艺性。图1-14右下角的地毯设计，不仅通过方圆相济的造型结合了传统夔龙纹，而且在色彩的选用方面较为务实地考虑到地毯在日常生活中耐脏性的使用需求。

1. 纺织产品设计应用

图案作为纺织产品的重要构成要素，依赖于染织绣印等工艺所呈现。自古以来中西方的纺织品及服饰都充满着形色各异的装饰图案，图案在纺织产品中不仅起到较好的装饰效果，同样也能够通过不同的工艺起到身份象征、耐磨保暖等作用。由于纺织材料的特性，以及工艺、载体的限制，纺织产品的图案设计与其他品类的应用也存在不同的设计要求，如花布纹样的四方连续设计，传统衣饰边缘的二方连续设计，就是其非常重要的设计应用形式。如Valentino X Morris & Co的服装设计与Morris & Co的Acanthus系列墙纸设计展现出图案在服装、墙纸不同载体设计时的特点，需要与实现工艺、产品载体、尺寸等因素紧密结合（图1-15）。

图1-15　Valentino X Morris & Co服装与Morris & Co墙纸

2. 珠宝饰品设计应用

珠宝饰品在日常装饰中能够起到画龙点睛的作用，其工艺精湛、形态美观，材质精美，装饰效果突出，也是图案设计应用的重要品类。珠宝饰品既可以借助图案作为饰品的平面化装饰元素，也可以利用图案形态进行立体造型设计。图案作为珠宝饰品设计中重要的装饰手法，通过镶嵌、錾刻、花丝、烧蓝、珐琅等工艺形成风格独特、细节精湛、形态各异的作品。不同的珠宝饰品的图案设计也会随着不同的材质性能及风格定位显示出变幻多姿的样式。如设计于1987年的"蜻蜓女人"胸针（图1-16），将女性与昆虫的有机形态相结合，打造出富有想象力又充满浪漫色彩的风格，

图1-16　"蜻蜓女人"胸针　勒内·拉里克（René Lalique）

展现出新艺术主义风格的设计特点，所采用的绿松石、黄金，以及珐琅工艺呈现出精美华丽、复古新奇的视觉效果。

3. 工业产品设计应用

工业产品是基于用户需求及生活方式，通过工业化批量生产的生活用品。人们的生活周遭充满着不同功能、不同类型的工业产品，包含家电、家具、手机、汽车、玩具、餐具等用品，图案通过平面、立体等形态应用于工业产品设计中，在乐高玩具、餐具产品、家具产品、小家电产品中，图案通过立体造型、立体镂空、平面图案等方式灵活应用其中（图1-17~图1-20）。

图1-17 乐高积木鲜花设计系列

图1-18 餐具设计 和平、孙慧、范露瑶、赵嘉

图1-19 雅各布森蚁椅、蛋椅、天鹅椅设计

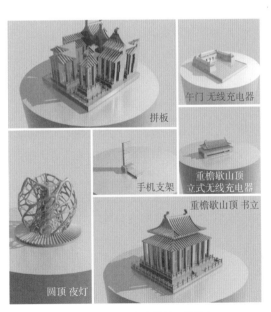

图1-20 日用小家电设计 吴俊杰

4. 包装设计应用

包装设计是产品商业化发展的重要环节，设计师在包装设计的图案表现形式上需展开想象，采取联想法、抽象法、对比法等创意手段进行包装设计构成，以此吸引更多的消费者，同时也应该考虑产品设计的合理性、适配性，避免资源浪费。在设计商品包装的时候，通过图案、文字可以清楚地向消费者传递产品的核心信息，如图1-21、图1-22所示的国产品牌，其包装设计既呈现出基本的产品信息，也较好地融入了中国传统文化，将文化、审美与商业相结合，演绎出品牌的新意，从而更好地满足消费者不断更迭的消费喜好。

图1-21　与敦煌博物馆联名的国潮风国产饮品包装设计　　　图1-22　国产品牌包装图案设计

5. 建筑与环境设计应用

在建筑与环境艺术设计中，图案通过平面和立体的方式被广泛应用其中。不论是国内还是国外建筑，其图案装饰风格丰富多彩，展现出不同的地域特点、民俗文化。在中国的传统建筑、石窟、园林等领域，都存在大量的图案应用。图1-23为山西运城芮城县建于元代的永乐宫，其壁画《朝元图》通过286个神仙形象展现出宏大的场面，表情五官、服饰动态生动细腻，此外殿内的藻井、斗拱也应用了图案装饰。图1-24为常沙娜老师所设计的人民大

图1-23　山西永乐宫壁画及藻井

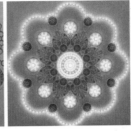

图1-24 人民大会堂天花图案 常沙娜

会堂宴会厅及接待厅的天花设计，将敦煌藻井装饰元素进行创新，并与照明、通风等需求巧妙结合。

6. 数媒艺术设计应用

在信息化快速发展的今天，数字化也深入设计的各个领域，它将设计与信息技术、数字化媒介相融合，图案也在延伸着新的演绎方式，通过数字媒介进行动态化、多维化、科技化的新型表达。如图1-25所展示的2022年北京冬奥会开幕式主火炬，通过数字化演绎，展现出星星之火、生生不息的寓意，象征着91个国家的小雪花，汇聚成大雪花，传递出命运共同体的文化自信，将奥运精神与中国文化紧密相连，光影交错、文化汇集，展现出无与伦比的形式美和意境美。

图1-25 北京冬奥会开幕式主火炬
（来源：新华社记者曹灿）

第二节　纺织品纹样

一、何谓纺织品纹样

（一）纹样的概念

纹样是装饰于物品上的花纹、图案，需要依附其所装饰的物品来表现。随着美术与工艺的分工，纹样也从绘画中分离，纹样与美术不同，其与工艺有着紧密的联系，纹样同样具

图1-26　贵州瑶族女子服饰背牌上的刺绣图案

有满足实用需求的特点，受到载体特点、工艺手法、使用目的的限定（图1-26）。

《物与美》中提到："单纯的图案只是人们用理智创作的图构，好的纹样体现的是人们用直观能力捕获到的本质。纹样不是照搬素材的样态，不是写生，它是直观印象的虚像。纹样表达的是事物的精髓，事物的本质才是事物的灵魂。停留在纸上的图案体现的只是死气沉沉的形式，而好的纹样充满内涵意义。纹样是对于事物的纯粹化表达，当人们剥离掉事物附带的累赘，只留下必不可少的那部分时，最终展现出来的就是纹样。真正的纹样与其说是一种装饰，倒不如说是对本色的体现。纹样是美的结晶，尽管纹样不写实，它却比写实手法更接近实物的原像。"❶

（二）纺织品纹样

纺织品纹样是聚焦于面料的产品设计，其样式、色彩、主题内容依托纺织品的织、绣、染等工艺展现，泛指纺织品上运用各种纺织相关工艺技法所形成的装饰纹样。因此是受到纺织品载体及相关工艺技法的限定影响所形成的特色装饰纹样。

纺织品纹样在商业应用方面具有双重价值，第一个层面是纹样作品本身可直接作为商品进行交易，针对零售或批发的不同消费群体、企业等进行售卖；第二层面是纺织品纹样可以通过载体进行应用设计，既包括产业链上游的面料设计、材料应用（图1-27），又包含产业链终端产品，如家居纺织产品、服装产品、包袋饰品等形式（图1-28）。

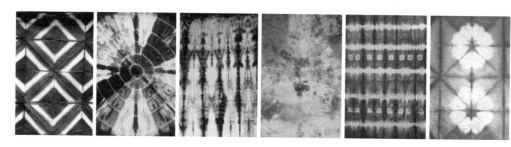

图1-27　扎染　学生作品

❶ 柳宗悦.物与美[M].王星星，译.重庆：重庆出版社，2019：305-309.

二、纺织品纹样的类别

纺织品纹样的品类非常丰富，题材包罗万象，既包含具象的形态，也包含抽象的设计元素；既包含现实世界的植物、花草、动物、人物、建筑、风景、生活器物等，也包含数字化世界的多元宇宙、微观视角的生物结构、历史维度的古今联动、人类畅想的乌托邦等内容。

随着人类社会向前推移的步伐，更多形式丰富的纹样在纺织品上所应用的载体形式、工艺手法、设计手段都在不断发

图1-28 系列家纺产品设计 冯珍珍

展，随着人们生活方式的转变，以及技术的升级更迭，很多新事物、新内容、新思想、新理念正在不断被创造，数字化技术也为纹样创作设计提供了新型表达的手段，数码拼贴、故障艺术等相关风格随之而来。图案因装饰对象、装饰目的、装饰环境的不同，呈现出多种多样的类别，下面将从素材、形式、造型等属性来进行梳理分类。

（一）按照素材属性分类

按素材分类是纺织品纹样最为常见的一种分类形式，根据选取素材属性的不同，通常分为人物题材、动物题材、植物花卉题材、建筑风景题材、器物题材等，这些品类既可以独立作为题材应用，也经常根据图案内容的需求进行搭配组合应用。

1. 植物类

植物取之于自然，包含花卉、树木、叶片、果实等内容。根据植物品种的不同，其生长规律、造型特点均不同，为设计提供了源源不断的灵感火花。植物是不同地区都非常喜爱的高频装饰素材，体现出自然、生动、丰富等特点，至今仍然是受市场热捧的装饰题材。相同的植物题材，通过运用不同的设计手法，也能呈现出丰富的可变化性及可塑性，植物中常见的花卉风格及其所蕴含的寓意也能演绎和承载着人们不同的情感寄托，如莲花的圣洁、玫瑰的浪漫、牡丹的富贵、海棠的俏丽、梅花的倔强，搭配不同的画面构成能够体现出不同的情感寓意。

我国传统的染织纹样自魏晋到唐宋，从古朴神秘的几何纹饰逐渐转变为鸟语花香的植物花鸟类纹饰，如唐代的宝相花、缠枝花卉、折枝花卉，通过团花、枝花、朵花等不同的组织方式演绎出或饱满大气或藤蔓缠绕或俏丽灵动的多元姿态（图1-29）。

图1-29　唐代牡丹锦、葡萄唐草纹锦

英国设计师威廉·莫里斯设计了大量具有特点的植物纹样，其纹样设计表现出鲜明的自然主义风格，这种风格得益于其所具备的植物学知识和纺织品纹样的巧妙融合。他将自然形态与装饰造型巧妙平衡，灵动鲜活地展示出植物叶片缠绕涡卷的形态，通过细腻的细节刻画融合平面设计表达方式，打造出富有层次感、秩序感又自然生动、富有野趣的画面效果，并合理地应用于产品设计中，至今仍然对于纺织品纹样设计具有较好的指导意义。如图1-30展示的设计作品枝叶繁茂、色彩奇丽、纹样细密，运用S形、菱形、圆形等几何形态进行骨架构建，使画面呈现出秩序与灵活并存的层次感，极具节奏和韵律，统一性强。

2. 风景建筑类

风景、建筑等场景类的画面构成题材也是纺织品纹样设计经常使用的类型，根据不同的建筑特点和风景特征，可以协助画面构建出鲜明的风格特点。风景建筑类的题材通常包含自然景观、人文景观两大类，各具特点，在构图形式方面采用了多视点景物组合构图、平视体构图、立视体构图等。经典的法国朱伊纹样，通常采用风景的场景化表现为母题，注重场景细节描绘，其造型逼真具有强烈的绘画感，通过采用单色相统一套色的方式打造出细腻、复古、精致、浪漫的特色风格（图1-31）。中国的亭台、楼阁、山石、池水、园林等也经常作为纺织品纹样中的东方题材的代表，融合中国绘画技法的色

图1-30　植物纹样设计　威廉·莫里斯

彩晕染，打造出独具东方美学韵味的设计风格。

3. 动物类

动物题材一直是人类生活中艺术应用的常见题材，从原始社会早期脱胎于渔猎生活的鱼纹、鸟纹、蛙纹、鹿纹等动物型纹样，到如今的国宝熊猫，以及非常受人们喜爱的家宠猫狗、十二生肖、昆虫、海洋动物等都是应用率较高的动物题材。传统的民俗文化

图1-31 Dior，Acne Studios，Stella Jean服装风景题材纹样设计

中也富含着丰富的动物形象设计（图1-32~图1-34）。在动物题材的纹样设计过程中，动物的造型、生活习性、神态、意蕴等都是进行设计创作的重要参考要素。

图1-32 泥咕咕动物造型设计 董锦泉

图1-33 趣味动物造型设计 王雪颖

图1-34 虎元素纺织品设计 王的手创品

4. 人物类

人物题材由于性别、种族、年龄、状态、装扮、属性的不同，也能够形成风格多元的装

饰纹样（图1-35）。人物类纹样可以通过画面主题及应用载体的需求，选择单一人物表达、群体人物组合、故事场景化构建、人物局部提取等方式进行画面布局。在创作手法方面，既可以通过具象写实的手法进行创作，也可以通过简化概括的手法进行表达，此外，还可以采用夸张及超现实的逆向思维进行创意重构。中国先秦时期的舞人动物纹锦、明清的百子图、麻姑祝寿、八仙过海都展现出不同时期织造工艺影响下所呈现的时代缩影和精神向往。图1-36是新疆阿斯塔纳出土的唐代伏羲女娲绢本，画面以人类始祖伏羲、女娲的形象为主体，以日月星辰为背景，仿佛在诉说着宇宙运行之道。其中有趣的是伏羲女娲分别手持矩、规，极富象征意义，两人交缠的螺旋状与人类DNA的分子结构相同，处处呈现着独特深远的文化特征。

图1-35 人物主题图案设计 陈之佛　　　　　图1-36 唐代伏羲女娲图

5. 器物类

随着人们兴趣爱好的变化，围绕着人类衣、食、住、行、用的不同器具逐渐被创造，如食器、乐器、家具、文玩、书籍、饰品等（图1-37），这些服务于人类生活的器物也同样被

图1-37 清代女装及挂毯上的博古纹

作为纺织品纹样的装饰素材，打造出具有人文气息的作品风格。如典型的博古纹，集八宝、四艺、福寿为一体，展现出博古通今的含义，符合古代盛行的好古情怀（图1–38）。

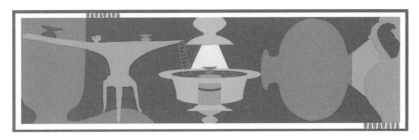

图1–38　器物纹样设计　黄品源

6. 文字类

从古至今，文字在纺织品纹样中都发挥着不容小觑的作用。文字简洁直观，具有较强的信息传递和意义输出的价值，通过与图案搭配或文字艺术化处理，能够更好地传递人们的情感需求。中国汉代的云气纹中结合了多种文字元素，有表达祝颂之意的字词，有表达地名、山名的文字，巧妙地穿插在云气纹中，如长乐明光织锦、五星出东方利中国护膊，在云气缭绕的画面中通过文字点缀更好地传递出作品背后的时代背景和美好祝颂（图1–39）。吉祥文字更是成为中国传统纹样不可缺少的内容，代表着中国人民对于生活的美好期盼与向往。图1–40所展示的设计作品围绕"We Are Heroes"进行文字主题的图案设计，传递出"人人都是自己的英雄"这种正能量号召。

图1–39　长乐明光织锦　　　　　图1–40　We Are Heroes文字图案设计　王梦宇

（二）按视觉形态分类

根据视觉形态，纺织品纹样大致可以分为具象形态和抽象形态两种类型，但具象和抽象在实际的纺织品纹样创作中并非对立面，而是统一整体。中国现代装饰艺术开拓者雷圭元先生曾说："中国图案的美，美在具象，但是归根结底却是抽象的表现形式，从特殊的形象中抽出其共同点，使其中的精神与宇宙万物引起共鸣。" ❶

1. 具象形态

相对于抽象形态而言，具象形态的特点是具有完整的具体形象，能够使人更直观清晰地识别出画面内容，注重造型特征的塑造，能够基于观察模仿的基础上进行设计再创造，它符合人们的生活经验及大众认知。

具象形态包含自然形态和人为形态（图1-41）。自然形态就是由自然界所形成的各类形态，含生物形态和非生物形态，是遵循自然规律法则所逐渐形成的各种可视或可触摸的形态。它不随人的意志改变而改变，是自然孕育的物象，如山峦、沙漠、树木、溪流、星空、岩石、贝壳等（图1-42）。人为形态包含人类所创造的生活用品、科技用品、虚拟产品等（图1-43）。具象形态的纹样造型设计要抓住造型特征进行描述，可通过写实或写意两种表达方式进行创作。

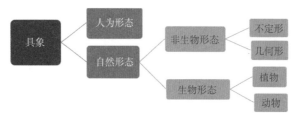

图1-41 具象形态分类图 鲍礼媛

图1-42 自然形态的图案设计 单美玲

图1-43 人为形态的机器人设计 宋佳轩

2. 抽象形态

抽象形态是指非具象的纹样形态，并不需要具有鲜明、直观的具体形象。《物与美》中提到："抽象美并不是刻意为之的产物，它会自然而然地达到抽象的意境。原始艺术的抽象

---

❶ 袁运甫.袁运甫悟艺集[M].北京:人民美术出版社,1995:200.

并没有流于形式，它是有生命的，它所展现出来的，就是最为鲜活的抽象世界"。[1]

抽象形态纹样分为几何形态和随意形态（图1-44）。几何形态通常是由点、线、面及其构成的各种几何形态所组成，传递出简洁、明快、单纯、秩序的视觉效果，从远古时代伴随人类发展至今，彩陶、青铜器、丝织物、瓷器上都可以看到几何纹的应用，几何纹既可以作为主花型，也可以作为地纹和辅助纹饰，具有广泛的适应性和可应用性（图1-45）；随意形态包含徒手形态和意外形态，表现出更为自由、随机的设计特点，其独特的视觉造型能够给人们带来惊喜和别致的体验。如中国传统瓷器开片所呈现的冰裂纹，由于其烧制过程的温度及瓷器成分等参数的不同，每一次的开片纹样都是独一无二的，也使得瓷器本身更为独特。传统扎染所呈现的纹样肌理由于受到面料、技法、染料、时间等因素的影响，也呈现出随机形态的特点（图1-46）。抽象形态纹样虽然较为简洁，但也能够通过联想引发人们产生深刻的哲思和深度体验，常常作为品牌标识、符号表征等用途，也能够较好地兼顾实用性和艺术性。

图1-44 抽象形态分类图 鲍礼媛

（三）按构成形式分类

纹样按照构成形式可以分为单独纹样、适合纹样、角隅纹样、重复纹样（图1-47~图1-50）。适合纹样是基于外形轮廓的适应性而进行变形设计所创作的纹样，包含有规则和不规则的适应形态。角隅纹样属于适合纹样中的特殊应用形式。单独纹样是指可以独立存在和应用的纹样形式，如T恤上的定位图案经常采用单独纹样的形式。连续纹样是指重复性的纹样形式，通常包含二方连续和四方连续，花布、床品等由于产品载体的尺寸及生产工艺的限制，经常采用连续纹样的构成形式。本书第三章会着重从纹样秩序构建的角度分析连续纹样的重复性设计手法。

图1-45 几何形图案 陈之佛

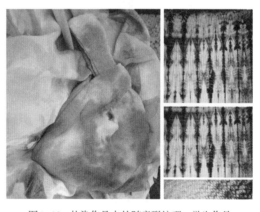

图1-46 扎染作品中的随意形纹理 学生作品

[1] 柳宗悦.物与美[M].王星星,译.重庆:重庆出版社,2019:328.

图1-47 单独纹样设计 杨慧娟

图1-48 重复纹样设计 杨慧娟

图1-49 适合纹样设计 安霞

图1-50 角隅纹样设计 安霞

（四）按空间形态分类

纺织品纹样根据空间形态，大致可以分为平面装饰纹样、浮雕装饰纹样和立体装饰纹样。平面装饰纹样通常通过面料印染、织花等形式实现。浮雕装饰纹样可以通过提花、栽绒、起绒等工艺形式实现。立体装饰纹样可以通过立体造型、面料再造、附加立体点缀物等方式呈现。图1-51所展示的儿童家纺产品设计中被罩的A面采用了数码印花工艺，呈现出平面装饰纹样的特点，被罩的B面采用了豆豆棉的肌理。既具有浮雕装饰纹样的特点又能对婴幼儿起到安抚效果；床铃、靠包等产品的设计通过立体填充、刺绣等工艺呈现出立体装饰纹样的特点。

第三节 形式美法则

《物与美》中讲道："我们观察纹样时发现，纹样多多少少都具备一定的对称性，没有对称性的图案就难以成为纹样。这是纹样必须遵循的原理。纹样深深地根植于自然之中，这是自然的秩序，秩序是数理，是法则，只有立在法则上，事物才能稳定运转。好的纹样就是遵守法则的纹

图1-51 不同空间形态的纹样应用
王雪颖

样，它不是随意的，纹样的美蕴含着法则与数理的美。"[1]在自然中处处存在着天然的形式美，如四季的更迭与变化、人体的曲线与比例、岩石的纹理与色泽，通过多姿多彩的表现形态对于美进行不同演绎，它启迪着人类从自然规律中发现美、认识美、应用美，逐渐具备设计美的意识。

在人类发展的历史中，从远古时期对石器的加工、彩陶的制作，到商周时期对青铜器纹样的创作，再到汉唐时期对丝绸纹样的设计，这些造物设计不仅在功能技艺上不断精进，在装饰美学层面也蕴含着许多具有秩序性的形式美法则。虽然不同时期由于社会背景和文化背景的发展，存在不同的审美意趣和民俗喜好，但是美的形式本源的秩序仍旧保持着天然的统一。美的表现形式是丰富多彩的，但其内在规律是统一的。形式美法则是灵动的、变化的，也是统一的、秩序的，如同中国传统的阴阳太极、宇宙之道，正是这种多样统一的形式美规律引导着人们不断探寻与构建生活之美。

纹样及图案作为一门审美性高、装饰性强的艺术表达形式，是基于人类生存和发展过程中对于美的理解和提炼，这种美的规律、法则就形成了指导设计行为的形式美法则。形式美法则是基于人类审美长期总结的规律，具有应用的普遍性和广泛性。人类最初装饰意识的萌芽就是从图案的运用开始，它代表着人类对美的追求。但美的形式和内涵是变化的、多元的，而不是拘泥的、限定的，外在形式和内在含义是相互依存的。

学习形式美法则，能够帮助设计师提升纹样设计形式的美感、视觉的张力、内核的艺术外化，是拓展设计创造能力和艺术表达的重要手段。形式美法则揭示了装饰纹样的构成规律和原理，包含变化统一、对称均衡、加强削弱、节奏韵律、对比调和等内容。总之，形式美法则是基于审美视角去探索纹样形式的表现形式和应用规律的美的艺术，是辩证统一的。

一、对称与均衡

对称与均衡是构建纺织品纹样形式美最基本的法则，是保证画面中心稳定的重要构成形式，能够满足人们追求安定、平稳的心理需求，带给人们踏实、安全的感觉。在自然万物中呈现着大量的对称美，人的眼睛、耳朵、双手、双足都是对称美的体现，花朵、树叶、太阳、贝壳等都展现出大自然造物的对称美。古希腊哲学家亚里士多德认为"美在于秩序、对称、明确"，对称即美，美的事物离不开对称。均衡也是纺织品纹样设计中常见的方式，大多数的生命和运动状态即使不完全对称，也能够处于一个均衡与平衡的状态。

对称是指物体具有同形同量的特点，通过上下对称、左右对称、多面对称进行布局，这

---

❶ 柳宗悦.物与美[M].王星星,译.重庆:重庆出版社,2019:328.

种围绕中心或中心轴形成的规律重复，使画面呈现出体量、形态、色彩等完全对等的视觉效果，对称能够打造出稳定、古典、秩序、平静的美学效果。在设计中，对称的表现方式包含中心对称、轴对称、放射对称、移动对称、扩大对称。

均衡是指物体具有异形同量的特点，并不追求完全的对等，其形态的变化性强，但视觉体量对等平衡，遵循力学规律下的均衡，相比对称则显得更为灵动活泼，虽然采用不对称的布局，但是通过形态、色彩、大小、轻重等要素进行平衡，能够形成均衡稳定的视觉效果和心理感知。均衡能够打造出生动、自然、灵活的视觉美学。在设计中，均衡的表现方式包含同量式的平衡、异量式的平衡、意向式的平衡三种。同量式的平衡需要借助不同的表现形态进行变换产生灵动感；异量式的平衡在体量具有差异的基础上，需要通过重心稳定达到平衡，从而产生动感强烈的稳定性；意向式的平衡通过运用虚实变化、空间层次、细节呼应等方式产生一种视觉的均衡感，较为灵活。

对称与均衡在设计应用中，既可以独立使用，也可以两者结合进行运用。通过对称、均衡的灵活运用，能够更好地平衡画面的稳定感与运动感、平静感与灵动感。人们自古以来就热爱对称、均衡之美，对称均衡也是古典美的表现手段，不论是纺织品纹样还是建筑、器皿等其他工艺美术设计中无不呈现着对称均衡之美。它跨越了时间的界限，抚慰了心灵，构建着秩序，为我们演绎着经久不衰的美。在中国传统纹样题材中，常常以好事成双、无独有偶的对称形式出现，形态和寓意相呼应，如双龙戏珠、宝相花等纹样造型即展现出秩序、大气、庄严的对称之美。图1–52为唐代的联珠四骑猎狮纹锦，在连珠纹内部的人物骑射场景采用了左右对称的构图方式；图1–53出自《工艺美术设计》中庞薰琹所设计的地毯，其以青铜纹饰——饕餮纹为灵感，保留了饕餮纹以鼻子为中线、眼睛为重心的对称式构图形式，并通过上下镜像对称的布局完成地毯的整体造型设计。整幅作品富有传统特色，并通过画面重构、色彩调和，在原本严肃、庄严、神秘的风格中增添了一丝柔和、古朴，更加适用于室内空间的陈设，也展现出对于对称、平衡之美的演绎。图1–54的设计作品采用了十字对称的表现方式，在画面完全对称的基础上，通过细节和色彩制造节奏变化。图1–55的设计作品运用牡丹、玉兰花、海棠花、桂花等形式进行结合，表达玉堂富贵、花开富贵等寓意，画面通过均衡式的构图，在布局方向及构成元素上灵活变化产生动感，且富有统一性。图1–56中威廉·莫里斯的植物纹样作品也采用了均衡与对称两种表现形式，这也是莫里斯非常喜爱的表现手法。对称的画面布局可以使灵动鲜活的植物主题产生强烈的秩序感与装饰感，在后期的墙纸等室内纺织品的应用中也更易于搭配。生活中我们手边最为常见的物品，如书籍、手机、笔记本电脑、鼠标无不呈现着生活中美的秩序，对称、均衡是形式美最为常用的规则，符合大众自古以来对于平静美的追逐。

图1-52　唐代联珠四骑猎狮纹锦

图1-53　地毯设计　庞薰琹
《工艺美术设计》　高等教育
出版社　2003

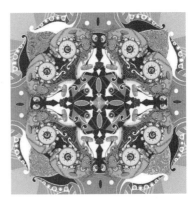
图1-54　对称式纹样设计　方莘怡

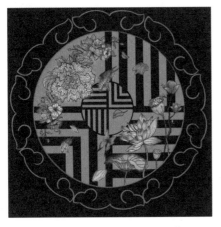
图1-55　均衡式纹样设计　毛倩

图1-56　均衡式植物纹样作品　威廉·莫里斯

二、变化与统一

变化与统一是自然万物及事物发展的永恒规律，是设计中需要始终坚持的重要法则。变化与统一体现着对立与依存的辩证统一关系，过于变化会显得凌乱，过于统一也会显得呆板，只有灵活把握好变化、统一的关系，才能更好地把控纺织品纹样设计的整体效果。

变化是指纺织品纹样中各种关系、要素间的相互对比，通常把形态各异、色彩各异、质感不同的各类元素进行对比，通过大小、长短、多少、方圆、冷暖、软硬、高低、虚实等进行对比变化，打破过于单调、呆板的画面效果。多种元素进行对比时，在变化中统一，恰当合理地进行组合搭配，是非常重要的环节，因此在变化中需要融入适当的秩序。

统一是指纺织品纹样中通过找到一致性、相像性的元素或关系进行画面并置。统一注重于找到画面构成要素间的内在联系和逻辑。通常将造型、色调、方向、质感等方面进行统一，把画面的多重元素进行有机统一，达到视觉稳定、庄重的效果。

变化和统一是设计应用中必不可少、互相依存的形式美规律，自然、社会也是个体和统一的互相依存，每一个独立的个体是具有变化性的，通过有序的协调应用，使整体达到统一和平衡。如图1-57~图1-59中的设计作品，通过对画面内容的主题、色调进行整体统一，同时通过设计元素的细节造型、排列布局的层次产生变化性，使动静结合、变化统一。

图1-57 植物纹样的变化与统一作品　　图1-58 丝巾纹样设计 张宝华　　图1-59 纹样的变化与统一
威廉·莫里斯　　　　　　　　　　　　　　　　　　　　　　　　　　魏婕

三、对比与调和

对比与调和也是变化统一的一种表现方式。不同的事物及元素之间必然会产生对比关系，通过调和才能在画面中达到好的效果。

对比是指画面中通过把不同形态、色彩、质地、数量的元素进行组合，产生鲜明的对比效果和差异感。对比通常包含大小对比、明暗对比、冷暖对比、动静对比、方圆对比、轻重对比、厚薄对比等。对比的强弱也具有层次性，如强烈、适中、微弱等，对比效果可以通过调和进行强弱的控制。

调和是在画面中运用设计手法对其差异性进行调和，通过强调共性从而产生相似、统一的视觉效果。如色彩对比过于强烈，可以通过明度、纯度、添加中性色、过渡色等手法进行调和。对比强度越小越容易调和，对比性越大调和难度也会增高。

对比和调和，同样是纺织品纹样设计中必不可少的两个方面，缺乏对比的画面是沉闷的，因其缺乏强烈的视觉张力；但对比过强同样也会引发视觉感官的不适，缺乏平静之美的力量。对比调和是构成纺织品纹样整体画面完美的必要环节，各种因素在画面中通过对比产生变化，通过调和达成统一。在中国传统文化中所强调的方中带圆、刚柔并济、动静相宜都是对比调和的表现。莫里斯的纺织品纹样设计作品中常常通过平面化的表现手法去调和植物鲜活的生动感，保持画面所呈现的统一性和丰富性。欧文·琼斯在《装饰的法则》中提到的法则18说道："原色、间色与复色都能够在一定配比下彼此调和，呈现和谐感。"如图1-60、图1-61所示，鲜艳的色彩对比可以通过比例、面积、构图等方向进行主次对比的调和处理，从而产生层次感。画面内容简洁、单一时，可以通过色彩和细节进行对比变化，产生丰富性的视觉效果。

图1-60　意象系列家纺产品　赵雅芝

图1-61　马车巡游　爱马仕丝巾

四、条理与重复

条理与重复是构建秩序和规律的基本手法，也是形式美的重要法则。世间万物都有其可梳理的条理性，通过元素重复起到加强视觉张力的效果。

条理是指对于自然物象的形态加以梳理、归纳、概括，使复杂形态的布局维持内在秩序和规律，从而在整体视觉上形成井井有条、错落有致的规整之美。

重复是将同一元素或同一组元素进行规律性的延续扩展，是条理的表现形式，也是纺织品纹样设计中常用的结构布局方式，能够形成统一、协调的视觉之美。

条理与重复在自然与生活中也存在着多种多样的应用形式，如树木的年轮纹理、织物的编制痕迹、地面铺设的砖片、键盘的按键、花窗的网格，都通过条理和反复呈现着秩序与节奏之美。不同的事物具有不同的构成条理，通过重复强化条理的秩序之美，条理和重复紧密相连，非常适合纺织品纹样应用载体的形式美法则。在中国传统纹样中，存在大量重复且条理的秩序之美，不论是先秦古朴的几何纹样，还是唐代华贵的花卉纹样，都从自然中提取条理化的概括形态，通过重复的连续性布局，形成或活泼灵动，或淳厚质朴的多元秩序之美。如贵州蜡染纹样及瑶族服饰纹样，通过对设计元素条理化的概括及重复性的布局，形成排列秩序、节奏鲜明的视觉效果，并通过点、线、面的构成和古朴的色彩，打造出淳厚质朴的风格（图1-62、图1-63）。

图1-62　贵州蜡染

图1-63　贵州瑶族服饰图案

五、节奏与韵律

节奏和韵律本是音乐、文学范畴的专业用语，也同样适用于纺织品纹样设计中。人们在自然、生活、劳作、运动中都能感知到节奏，阴晴圆缺、四季交替、潮涨潮退反映着自然的节奏规律，划船、拔河、接力赛体现出集体协作的节奏，耕种呈现出个人劳动节奏，在生命体验过程中，人类对于节奏和韵律的认知逐渐加深。

节奏是指设计元素通过秩序化的设置，随着人的视线进行有序运动时，所呈现出来的动感规律。节奏在纹样设计中常常采用大小秩序排列、色彩层级渐变、交替反复等形式进行表达。

韵律是指画面规律性的节奏呈现出如诗歌般抑扬顿挫的节奏，不同的韵律带来不同的体

验感受，如起伏和平缓、速度与静
止等。

节奏和韵律既统一又独立。节
奏构成了韵律，韵律升华了节奏，
节奏和韵律共同组成了纹样画面的
视觉之美。生活中快速行驶的列
车、微风吹过水面的涟漪，层叠梯
田的秩序，都是节奏韵律之美的展
现。图1-64~图1-66的作品，通
过形态、线条、色彩的排列形成画
面的节奏韵律，展现出画面的动感
和张力。

图1-64 纹样的节奏与　　　图1-65 纹样的节奏与
　　韵律（一） 郭昇权　　　　韵律（二） 黄钰茜

六、加强与减弱

在纺织品纹样的设计中，通常
需要用加强与减弱进行整体画面的
效果平衡，通过画面加强与减弱某
些部分，使画面主次分明、视觉
突出。

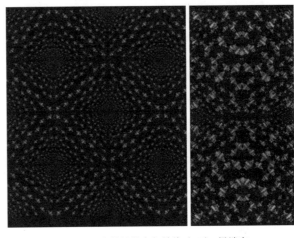

图1-66 纹样的节奏与韵律（三） 梁端容

加强是通过在画面设置突出的
视觉重点，活跃画面，强化整体效果的设计手法，例如，强调设计元素、色彩、形态等，以
达到吸引人的目光，增强画面艺术性和审美性。

减弱是通过取舍、削弱画面的非必要元素，起到反衬主体、重点突出的效果，达到以少
胜多的目标。

加强和减弱也是纺织品纹样设计中常用的审美法则，通过加强可以增强画面的对比
度，通过减弱也可以平衡画面的对比度，从而更好地呈现整体画面效果。如图1-67所展
现的系列袜品纹样设计，以"虎啸生风""卧虎藏龙""逐鹿中原"为主题，画面构成元素
细密富有动势，通过运用黑、白、灰的色彩进行色彩弱化处理，衬托了整体主体性和风格
表达。图1-68通过运用深咖色分割线强化了画面的视觉对比效果，使画面效果更为活跃
鲜明。

图1-67　纹样的加强与减弱（一）　马徽泉

图1-68　纹样的加强与减弱（二）　魏心怡

🔗 知识链接

　　雷圭元在《图案美学探究》一文中提出："中国图案造型来源于生活。中国图案造型是一种朴素、单纯、富有生趣的图案语言，中国文字的造型也可证明这一点。中国劳动人民创造的单字，既是一个词，也是一个'文'。这个'文'也就是图案的纹样。我们看图一的几个文字，它们的形象是多么朴素而有趣。古代劳动人民对生活中和生产中见到的种种形象，仔细观察，深刻研究，用特定的线划概括形象的特征，得到群众的同意，从而在群众中互相传达思想意识和感情。这种造型手法，一直流传到今天，为广大人民所喜见，给中国图案奠定了基础。这也是中国图案的美学基础。

中国劳动人民在改造世界的生产和生活斗争中，把多种多样的形象分出类别，又从类别中找出其特殊性，再从特殊性中见到其中所包含的普遍性，从而认识到宇宙的对立统一的普遍规律，以及变化与统一的美学法则，然后把美学法则运用到艺术活动中来。图二几个例子，是用夸张的艺术手法突出形象的特征，既不是自然主义的描写，也不是形式主义的表现。

鹿：夸张了它的角和善跑的形象，鹿的尾巴比较小。

马：夸张了它的长尾和鬃毛，尾下垂，马蹄与鹿蹄有区别，平而硬。

虎：夸张了它的大口和翘起的尾巴，脚也和鹿不同，是脚踏实地，形象比较威武。

象：夸张了它的长鼻，头颈也较鹿、马为粗，尾巴尖上有小毛。

猪：形象是肥肥的，夸张了耳朵和一个小尾巴，但和鹿的尾巴又有所不同。

牛和羊：中国古代图案设计家很巧妙地为它画了一个头像，它们的特征也非常清楚，牛角弯向上，羊角弯向下，羊角也有画成曲线的，那是表示羊的种类不同。

图二几个动物形象的特点，都是以侧面形表示。由于要使形象清晰，减去了两条腿。这种合理的'减法'，亦是中国图案造型艺术手法上常用的传统手法。中国古代文字不但在造型方面有特出成就，而且用不能再简练的笔划，刻划出事物和自然形象方面具体的或抽象的含意、静的和动的形态，并能指示出人与物之间的关系，人与人之间的关系。

图三都是关于大自然的形象，有的表现出人与自然的关系。中国劳动人民创造了为生产斗争服务的文字，同时也创造了图案和其他艺术，在造型上都以生活为唯一源泉。我们上面所举的文字，只是文字中的一小部分。有兴趣的可以从甲骨文或钟鼎文中去找。从中可以找到有关美学上的各种规律，如均齐、平衡、对称、呼应、重复、变化与统一等法则。更值得一提的是，劳动人民利用了几何线形，如直线、曲线、方形、圆形、波状线、涡线、圆点等等各种抽象的点、线、面，组成如此多样、丰富的图案形象，既能象形，

又能达意，确是一种高度的创造。"❶（图1-69）。

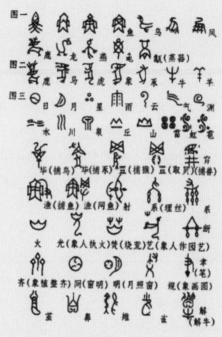

图1-69 《图案美学探源头》插图　雷圭元

❓ **课后思考**

1.图案具有什么功能，在日常生活中扮演什么样的角色？

2.图案如何起源？对当下的设计有怎样的启发性？

3.纺织品纹样的分类有哪些表现形式？根据类别列举相关案例进行分析。

4.纺织品纹样有哪些形式美法则？如何把握变化与统一的关系？

5.纺织品纹样通常通过哪些载体进行表现？试举例加以说明。

📖 **延伸阅读**

1.保罗·罗素.图案设计学[M].台北：积木文化出版社，2020.

2. E.H.贡布里希.秩序感——装饰艺术的心理学研究[M].南宁：广

---

❶ 雷圭元.图案美学探源头[J].新美术，1985(2)：69.

西美术出版社, 2015.

　　3.欧文·琼斯.中国纹样[M].上海：上海古籍出版社, 2021.

　　4.伊丽莎白·威尔海德.世界花纹与图案大典[M].上海：中国画报出版社, 2020.

　　5.汪芳.染织绣经典图案与工艺——从服装到家纺设计[M].上海：东华大学出版社, 2021.

　　6.徐百佳.纺织品图案设计[M].北京：中国纺织出版社, 2009.

第二章 PART 2

纺织品纹样设计要点

本章重点: 本章教学重点在于从纺织品纹样的造型设计、色彩表达、肌理表达、空间表达四个层面掌握其设计要点,并能够综合应用于纺织品纹样的设计。

本章难点: 本章教学难点在于如何引导学生灵活运用纺织品纹样的造型手法、创意表达及空间表达手法进行纹样创新设计,并能够在主题及画面整体效果的统筹下完成纹样的配色方案设计及肌理效果应用,呈现出美感和艺术性,且符合纺织品纹样工艺特点及市场需求的设计作品。

第一节 纺织品纹样造型设计

一、纺织品纹样造型元素

点、线、面是构成万物的基础造型元素,同样也是纺织品纹样的基础构成元素。傅抱石先生在编译日本《基本图案学》中就明确指出:"图案构成三本质,为点、线、面、体(立体)等形象,以及表示此形象之色彩,以纯粹不含附加的何种意义,曰'要素',以要素成言之,故一般称为构成要素。"[1]点、线、面作为几何学概念,在纹样造型设计中更具有相对性和可转化性,点的移动轨迹可以转化并形成线,线的移动轨迹可以转化并形成面,相对小的面构成了点,正是点、线、面的共同作用才构成世间万物,通过不同的创意思维、构成方式、设计手法演绎出多姿多彩的视觉美学。因此,点、线、面的视觉形态及其构成关系的研究,对于纺织品纹样造型设计具有指导性意义。

(一)点元素

点作为纺织品纹样造型设计的最小元素,不同于点在几何学中的位置属性,纹样设计中的点形态万千,可以通过大小、位置、色彩、肌理、形态形成丰富的变化,且具有较强的相对性。点的基本特征是细小、集中、活泼,其重要的功能就是表明位置和进行积聚,具有吸引视线、提醒注意的作用,巧妙地运用点的特性,能在画面中起到突出重点、画龙点睛的作用,并加强画面的生动性。

---

[1] 常沙娜.应该坚持传统图案的教学[J].装饰,2008(s1):108–110.

点的造型具有相对性和变化性，虽然我们常见的点多为圆形，但在纺织品纹样的设计中，点的造型可以是规则的形态，如圆形、方形、菱形等，也可以是其他不规则的、随机的形态。点的形态体现在参照物上，如路面所铺设的砖块，相对于地面来说就是构成的点，因此点的形态是变化丰富的，可以是几何形态、随机形态，也可以是具体的物象形态（图2-1、图2-2）。

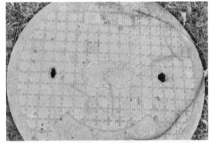

图2-1 生活中的点

图2-2 爱马仕丝巾中点的不同形态

点在纺织品纹样中的形式也较为丰富，是构成画面的基础元素。根据点可以转化的特性，在画面中通过排列形成线与面，也能够展现出不同比例、色彩、层次的对比变化，利用数量、疏密、大小、间距等排列方式的不同，在纹样画面上可以变幻出丰富的视觉效果，从而引发不同的心理体验。单独的点可以传递出鲜明的主题和重点，聚集的点通过规律性的排列可以展现出丰富的层次感和韵律感。图2-3中的唐代印花绢，通过将圆点及花形点进行几何排列，形成秩序美和规律美。图2-4、图2-5的设计作品中通过不同形态的点进行组合，拓展出不同的构成形式，所呈现的风格和美感亦不相同，这些点可大可小，可跳跃可秩序。

图2-3 唐代印花绢中的点

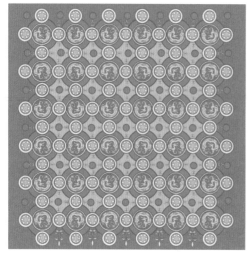 

图2-4　点的应用（一）　薛韬　　　　　　　　　　　图2-5　点的应用（二）　方莘怡

（二）线元素

线作为几何学概念，同样具有可转化性，线由点的移动轨迹构成，面由线的移动轨迹构成，长度是线所具备的显著特征。线包含着各种不同的形态，不同形态的线条也体现着不同的表现力和风格。线条通常包含直线、曲线、长线、断线、虚线、实线、粗线、细线、水平线、垂直线等，其中曲线较为自由灵动，直线较为单纯直率；实线则明确清晰、虚线则跳跃变化；水平线带来视野的开阔和平稳，垂直线带来挺拔与庄严。此外，还有螺旋线、抛物线、斜线、双线等形式丰富的线条类型。因此，在进行纹样设计时，根据主题风格选择相适应的线条就显得非常具有必要性。

在中国传统纹样中经常采用线条作为最重要的造型要素，如彩陶的涡旋纹、汉代织物的云气纹等，通过线条的曲直、强弱、粗细、虚实展开丰富的细节变化。威廉·莫里斯的植物主题纹样也非常偏爱使用自然的曲线进行表达，把植物的灵动与优雅表达得淋漓尽致，衔接得自然生动（图2-6）。线条在纺织品纹样设计中的表现形式具有艺术性和可创造性，如图2-7所示，爱马仕丝巾设计运用鞭子作为造型元素，鞭子的线条形态细腻精美，展现出粗细不一、形态各异的曲线变化，动感中带有秩序、统一中富有变化，同时线条的并列组合也相对地形成了面，丰富了画面的视觉节奏，整齐与凌乱巧妙并存、直线与曲线相融交错。图2-8的小林健太（Kenta Cobayash）作品演绎出线条的故障艺术风格，以符合时下青年的时尚潮流。图2-9作品运用相同的线条元素进行不同的排列应用，延伸出或秩序或跳跃的设计风格。

图2-6　线元素植物纹样作品　威廉·莫里斯

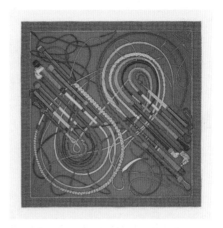

图2-7　线的不同形态　爱马仕丝巾

图2-8　线条的故障艺术风格作品　小林健太

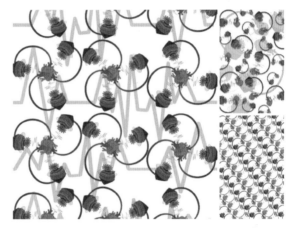

图2-9　线的排列应用　肖晗

（三）面元素

　　线的移动轨迹形成了面，面具有长度和宽度，在画面中经常占据主体地位。面的形态较为丰富，包含直线型、曲线型和自由型。直线型的面有正方形、三角形、长方形等形态，整体较为稳定、明确、利落；曲线型的面有圆形、椭圆形，整体较为柔和、圆满、童趣；自由型的面主要指随意构成的面，具有较强的偶然性，更为自由、奔放、轻松。

　　纹样设计中的面具有空间、大小、虚实、位置、色彩等不同的状态，不同形态的面，是由点、线的集合或线的移动所构成的。图2-10所展示的蒙德里安（Mondrian）的《红、黄、蓝构成》，通过将抽象化的面进行大小不一、色彩不一、位置不一的视觉碰撞，展现出几何直线面单纯简洁的显著视觉效果。面本身具有很强的可塑性，可以通过相互分离、重叠、连接、减缺、联合等方式产生新的面（图2-11）。面的大小决定画面的性质和情感基调。面的运用能够吸引视线、传达信息，不同的面传达不同的情感倾向。

图2-10　红、黄、蓝构成　蒙德里安　　　　　　图2-11　面的变化与应用　方莘怡

（四）点、线、面综合应用

　　点、线、面既可以独立存在，又可以通过综合应用形成丰富的变化和层次。在纺织品纹样的画面构成中，要灵活应用点、线、面，根据其各自的特性进行协调，打造出风格鲜明、比例协调、画面生动的视觉效果。如图2-12~图2-14所示，通过形色各异的点线面元素打造出一张张主题鲜明、层次丰富、风格独特的纹样作品，也展现出点、线、面元素所演绎出的不同表现形式。

图2-12　爱马仕丝巾中点、线、面的综合应用　　　图2-13　点、线、面的综合应用（一）
约瑟夫·弗兰克（Josef Fran）

二、纺织品纹样造型手法

　　造型是纺织品纹样设计的重点内容，在学习点、线、面等造型元素的基础上，借助恰当的造型手法可以更好地辅助于纺织品纹样设计。

　　纹样源于生活，纹样的造型设计同样是基于观察生活、体验生活、感悟生活的基础上提取素材，进行艺术化创造的一种外化表现。生活中的花草、树木、器物、肌理等都是素材提取的来源，日常的写生练习是收集纹样素材的重要手段，也是塑

图2-14　点、线、面的综合应用（二）　何倩

造纹样基础造型能力的重要环节，能够为设计师激发设计灵感、塑造形态提供养分。但纺织品纹样的造型设计并不等同于写生，写生是对所观察的客观现实进行具象描绘，在观察物象的外部形态、内部结构、光影关系及生长规律的基础上通过绘画进行表达，虽有取舍和概括，但仍以较为具象的整体造型风格和细节刻画为重点；而纺织品纹样设计是基于纺织品载体并在工艺影响下，遵循审美规律对设计素材进行程式化的画面重构和创意表达的过程。相比写生，其主观创造性更强，是对于物象之美的感悟、对于物象之神的提炼，更注重纹样的实际应用性、审美装饰性、精神愉悦性。

　　纺织品纹样造型的设计方法较为丰富，通常可以分为写实与写意两大类。写实手法相对更为还原设计对象，以设计对象的具体形态为基础进行细致地描绘和适当概括提炼。写意手法在中国传统绘画艺术中经常使用，并不一味地追求设计对象形象的真实性，而是注重神似，在抓住形象特点的基础上采用高度提炼、简化、夸张等设计手法表达其形式美感及意境，艺术性及装饰性较强。不同纺织产品的工艺形式对于纹样设计的要求也不同，如编织工艺、提花工艺、刺绣工艺、平网印花、滚筒印花、手工印染、数码印花都会根据工艺的特性对于纹样的造型、尺寸、色彩提出相应的要求，在本书第五章会重点分析纺织品纹样的实现工艺。在日常纺织品纹样设计过程中，经常通过简化法、夸张法、添加法、巧合法、几何法、分解组合法、象征寓意法等对其造型进行设计。

（一）简化归纳法

　　简化归纳法主要是指在进行纹样构思的过程中，通过对主题和画面整体效果的把控，对设计元素进行取舍、提炼的方法，突出设计对象的主要特点并进行概括归纳，呈现出鲜明、

单纯的视觉效果，从而使人快速捕捉到视觉重点。简化就是概括提炼、删繁就简的再设计过程，在捕捉物象造型特点的基础上，进行恰当地简洁与单纯化的处理，从而突出重点、协调画面元素，达到整体视觉的美感与和谐。"取精去繁：在清代以前的图案设计上都有这一显著的特点，不管图案是人物形象还是动物形象，以主要特征为主，去除一切不重要的部分。"❶图2-15中宋代的落花流水纹就是对于现实情境的抽象化处理，运用简化归纳的手法表达出诗情画意。图2-16为唐代团窠状对鹿纹，通过对于鹿的形态进行平面化的概括处理，便于唐代织机的工艺实现，也符合唐代饱满对称的审美要求。

图2-15　宋代落花流水纹　复制品　　　　　图2-16　唐代黄地对鹿纹　复制品

简化归纳法是在提炼物象主要特征的基础上，通过运用点、线、面等造型要素进行造型外部廓形及内在结构的概括提炼，运用形式美规律，构成既具有变化又能够统一的画面效果（图2-17）。传统手工艺的剪纸艺术，会根据剪纸工艺特性进行造型创作，通过高度概括的取舍进行轮廓和内部细节的刻画。其阴阳相称的视觉效果及连绵不断的线、面对撞呈现出质朴单纯的视觉效果。简化归纳通常包含物象数量、外部廓形及内部细节的高度提炼，采用针对物象的结构廓形进行概括表达，运用线和点进行造型细节的处理，从而设计出具有简洁而不简单，统一而不乏变化的造型效果。此外，简化归纳也包含对于设计对象内在文化及设计元素的提炼归纳，图2-18中的设计元素源自唐代诗人白居易的《钱塘湖春行》，针对诗句中所提到的"乱花"春景，通过取舍简化选取了代表春天的迎春花、玉兰花、蔷薇、马蹄等花

❶ 庞薰琹.论艺术设计美育：图案问题研究［M］.南京：江苏教育出版社,2007:146.

图2-17　动物形态的简化归纳　野兽派家居产品　　　　图2-18　设计元素提炼归纳　何倩

卉，并结合燕子、亭子等元素进行归纳重构。

（二）夸张变形法

夸张表现也是在遵循事物客观特征的基础上，对具有美感或个性的部分进行合理大胆地变形，从而更好地凸显主题和整体视觉效果。夸张往往具有更强的视觉张力和喜剧感染力。

夸张法通常采用外形夸张（图2-19）、局部夸张、整体夸张三种形式进行具体设计，纹样设计中也常使用夸张变形法进行造型处理，如人物情绪的夸张表达、汽车疾驰中速度的夸张表达等，通过夸张变形法能够更鲜活生动地传递出画面的主题、情感与美感，赋予作品更强的生命力。图2-20以杜岭方鼎造型为原型，通过拟兽化的卡通形象设计，将杜岭方鼎双耳指天、四足屹立于大地的豪迈稳重形象结合"鼎天立地"字组，打造出时尚、霸气的国潮风格。

图2-19　"滴水石穿"系列作品　刘亚茹

图2-20　杜岭方鼎的夸张变形　刘李杰

（三）添加法

添加法是指根据画面主题需求，在原有造型的基础上通过联想的方式选择添加其他吻合画面主题且具有象征意味的装饰元素进行细部刻画，使纹样效果更为精美、丰富、饱满、厚重。

添加法在纹样设计中包含纹样的肌理性添加、寓意性添加、联想性添加等方式对纹样画面进组织。添加并不是漫无目的地随意添加，而是需要根据人们的审美意趣、民俗文化等背景，通过寓意、主题、视觉等层面进行协调后有选择性地进行合理添加，从而形成更具有韵味和艺术性的纹样作品。例如，在装饰对象上增加点、线、面、投影，以及物体与物体的叠加，在外形变形基础上对结构进行天马行空的联想以表现自由随性。如图2-21、图2-22所示，通过添加肌理和联想添加的方式，丰富了鱼元素的装饰性；图2-23则通过在泥咕咕造型上增加花卉植物元素，打造出对鸟、树的花鸟经典构图方式，表达出好事成双的美好寓意。

图2-21 肌理添加法设计 周端风

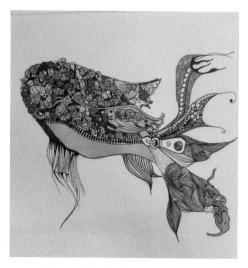

图2-22 联想性添加法设计 张冰清

图2-23 造型添加法设计 尹容玢

（四）巧合法

巧合法是在纹样设计过程中，运用两种或两种以上具有巧合随机性的要素，按照某种形态规律进行巧妙组合形成新造型，其中包含互相借形、共用线条等形态巧合的设计形式，能够增加画面的层次和整体的协调性，也能够给人带来一种巧妙的设计感和创造性。如图2-24中的"禁"提取自云纹铜禁，以"禁"字为切入点，一方面通过将青铜器武器中的刀、枪剑、戟、斧、铖、矛、戈与"禁"字字形相巧合，传递出禁止之意；另一方面通过被"禁"字枷锁禁锢的想要饮酒的龙形兽图案，表达禁酒之意。巧合法通过其趣味化的设计常常给人耳目一新的感觉。

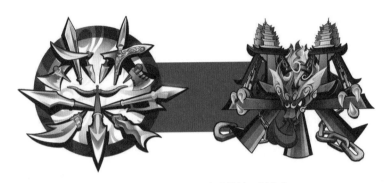

图2-24 "禁"字的巧合法设计 刘李杰

（五）几何法

几何法也是纹样设计中常用的设计手法，通过把具体物象和设计元素进行几何抽象化处理，运用点、线、面、圆形、三角形等形态进行造型构成，从而形成富有理性和节奏感的视觉效果。特别是在纺织品纹样设计中，由于制作工艺的要求，对于纹样造型的要求也不同。早期先秦时期出土的纺织品织锦中有大量几何形、类几何形态纹样内容的出现，便是受到当时织机织造工艺影响的产物，也体现出当时人们高度概括的造型能力。在现代纺织品纹样设计中，常常采用几何法进行物象的抽象化处理，图2-25、图2-26即是通过不同的表现方式对于鱼元素展开几何法设计。

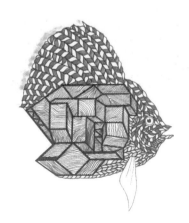

图2-25 鱼的几何法设计（一） 张贵双　　　　图2-26 鱼的几何法设计（二） 张冰清

（六）求全法

求全法是纺织品纹样创作中追求理想化的表达方式，展现出人们自古以来求全、求好的心理，具有理想主义和浪漫主义色彩。它是在人们认识客观世界的基础上，通过创作者的创意构思，把超越自然规律和认知习惯的物象进行组合搭配，从而呈现出全面、圆满的视觉效果。

求全法经常采用的表现形式为个体求全法、组合求全法、透视求全法三种。个体求全法是把不同的个体形象进行组合重构，如中国传统神兽的造型，具有帝王象征的龙纹造型就采用了个体求全法，其"角似鹿、头似驼、眼似龟、项似蛇、腹似蜃、鳞似鲤、爪似鹰、掌似虎、身似牛"，通过多方面组合形成了神圣、完美、庄严的装饰造型形态（图2-27）。组合求全法是把不同时期、不同空间内的设计元素进行组合重构，如把植物在不同周期的状态进行组合。透视求全法是超越透视应用规则，打破常规认知规律下的透视关系，大胆地进行空间组合。图2-28展示的设计作品采用了组合求全法、透视求全法，将传统元素与现代审美糅合，呈现出一个秩序与自由共存的如梦如幻的世界，意在构建一场跨时空对话，全面激活有趣的国风玩法，为年轻群体重塑神秘的文化之旅。

图2-27　清代龙纹朝袍

图2-28　求全法设计　彭燕、方莘怡

（七）拟人法

拟人法是指在设计过程中赋予设计对象人格化的特点，通过对其思维模式、动态表情、行为举止进行拟人化塑造，从而呈现出趣味、生动、亲和、诙谐的画面效果。如儿童题材的纺织品纹样图形经常把动物、水果等进行拟人化设计，拉近设计对象与孩子的距离，吸引儿童产生趣味性互动。如图2-29所示的儿童床品中卡通人物形象的设计，通过人格化的方式给小兔、小鸭赋予性格及喜好，打造出具有趣味性的动物人设，增添家纺产品的趣味游戏性及情感体验。

图2-29　动物的拟人法设计　王雪颖

（八）分解组合法

分解组合法是指在设计过程中通过将自然物象的原有造型打破，遵循构成法则的指导，并采用透叠、并置、交错、反复、渐变、旋转、错位等手法进行重新组合即重构的设计方式，这种创新的诠释和演绎往往能够给人们带来耳目一新的视觉感受（图2-30）。在进行分解组合时需注意不要一味地追求打破、分解，而是要在设计主题、设计情感的引导下去进行合理的分解组合，从而呈现出既创新又富有内涵的纹样设计。正如庞薰琹对待传统追求"大破大立"的精神态度，"破"不是抛弃传统而是破其凌乱烦琐、单调、古板。"立"化凌乱为和谐，化烦琐为简洁，化单调为多样，化古板为灵活，化单调为丰富多彩。图2-31中的鱼纹设计，把鱼的造型打破重组，将鱼的眼睛和纹理作为图案构成的主要元素，突出形态和线条的刻画，身体内部通过变化的点、线、面进行装饰点缀，从而设计出具有装饰性和未来感的鱼纹。

图2-30　分解组合法设计（一）李心如

图2-31　分解组合法设计（二）翟晨添

（九）象征、寓意法

人们在生活中喜欢通过联想思维，把一些具有联系性的事物与人的情感意志进行联合想象，并赋予其象征和寓意，如中国传统的喜上眉梢、梅兰竹菊、五谷丰登、年年有鱼等皆来源于此。象征是通过具体物象进行抽象化的意义追寻，传递出超脱表象的深层次含义。中国传统纹样的图必有意、意必吉祥鲜明地展示着这一特点。如图2-32所示，传统服饰纹样中的江崖海水纹、团花纹、金凤纹、寿字纹都呈现着纹样的象征和寓意。

图2-32　传统服饰纹样的象征和寓意

三、纺织品纹样创意表达

除了纺织品纹样设计的造型手法，好的创意表达形式也能够给画面增添亮点。创意表达通常会采用正负图形、同构图形、置换图形、共生图形等进行纹样造型，从而提升纹样视觉感染力和风格的多元化。

（一）正负图形

正负图形是指正形和负形间的相生关系，蕴含着中国传统太极"虚实相生"的原理，正负图形之间可以相互转化。在纹样设计中通过正形的"图"与负形的"底"起到相互衬托、相互依存的效果，两者既独立存在又交替显形，形成既统一又分离的特殊视觉关系（图2-33、图2-34）。

图2-33　正负图形（一）毕世龙

图2-34　正负图形（二）于凌波

正负形包含内嵌式正负形、并列式正负形、主次式正负形，在正负形的创意表达中，通常需要依赖设计师的专业能力与经验进行判断和重构，首先需要理解正负图形之间的组合关系，然后能够巧妙地在设计中有意识地通过图底转化的设计理念进行共生关系的创意构成。纺织品纹样设计的骨格排列中常常会体现出正负图形图底转换的造型特点（图2-35）。

图2-35　正负图形（三）　武珂

（二）同构图形

同构图形是指通过创意联想将两个或两个以上的设计元素进行画面创意重构，并不完全追求生活场景的写实性和简单的元素添加，注重设计逻辑和主题立意的联系性，元素与元素之间也存在一定的联系性，从而形成别出心裁的画面效果和视觉张力，体现出局部和整体的重构关系。如图2-36~图2-38所示，左边为运用拼贴手法所进行的设计元素重构过程，右边则是在拼贴实验的基础上所完成的同构图形作品，将传统文物泥咕咕、青铜器演绎出新的风格和趣味。

图2-36　同构图形（一）　汪菲

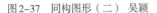

图2-37　同构图形（二）　吴颖

图2-38　同构图形（三）　吴颖

图形同构注重在设计元素间找出适用于整合的共性特点，不论是形态结构的契合，还是蕴含意义的联系，都可以通过图形重构的形式建立链接形成新的生命力。因此对于设计者的观察力、思考力要求较高，鼓励设计者积极联想、大胆思考。在图形同构的过程中包含同质同构、异质同构等方式，在探索艺术性和文化性的基础上，传递出既有对比又巧妙统一的关系。图2-39将现实世界中的濒危动物东北虎与数据化的造型要素相结合，展现出虚拟与现实的图形同构。

图2-39　同构图形（四）　方莘怡等

（三）置换图形

置换图形是指在画面中保留原有物象的基本造型特征，通过其他设计元素对物象的局部进行替换调整，在保持整体结构关系的同时展现出新意。置换图形主张打破常规，通过形态上的适配性选择其他具有对比性和反差性的设计要素进行置换，从而演绎出具有异接特点的趣味性，甚至延伸出含义上的新释（图2-40）。

置换图形在纹样造型表达中是较为直接的表达方式，上手速度较快，呈现效果显著，但对于置换图形间的适配性和对比性要求较高。图2-41的设计作品在商代青铜鸮樽的造型基础上置换了局部的材质和设计要素，使传统元素演绎出个性化的潮流气息，更符合年轻人追求标新立异的心理需求。

图2-40　置换图形（一）　李心如

图2-41　置换图形（二）　潘静静

（四）共生图形

共生图形是指画面中形态与形态之间存在互相借用的关系，从而达到两者或多者共生的效果。形态之间的共生关系通常通过共用轮廓线、共用局部造型的方式所构成，这种独立存在、互借互生的组织关系就是共生图形的造型特点。图2-42将泥咕咕造型与人的侧脸轮廓进行互借互生，表现出趣味性。

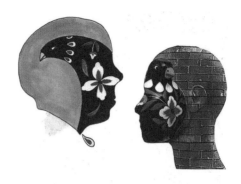

图2-42　共生图形（一）董锦泉

共生图形体现着如今社会所倡导的共享理念，对于形象思维的要求较高，通过将司空见惯的设计要素进行创意构思展现出新面貌，在纺织品纹样设计中也是较为巧妙的画面创意设置方式，能够起到增强视觉记忆和关注点的作用。在进行共生图形设计时既要关注局部的共生关系，也要把控好整体的融合关系。图2-43中的作品别出心裁地将青铜器皿与建筑造型相结合，通过共用轮廓与造型的方式给予文物新生，整体视觉充满戏剧性和趣味性。图2-44将河南地图的城市以共生图形的方式进行应用设计，展现出共生共依的关系。

图2-43　共生图形（二）冷丁梦

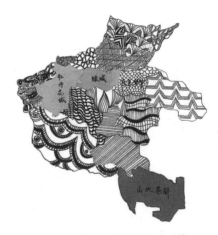

图2-44　共生图形（三）李靖祎

（五）悖论图形

悖论图形是利用视错觉进行矛盾视觉打造的表现形式，也称为无理图形。悖论图形体现出反现实、反常识的视觉效果，给人一种超现实的意境体验。常见的悖论图形设计形式包含二维图形的三维时空构成（图2-45）、矛盾空间的构成表现、颠倒客观顺序方向的构成表现等。图2-46通过将设计元素与现实中客观尺度的强烈矛盾反差引起视觉关注，如器物、人和建筑直接的矛盾尺度关系。

图2-45 悖论图形（一） 于茵

图2-46 悖论图形（二） 张岩

在纺织品纹样设计中，也常常采用逆向思维，从反逻辑的角度进行创新设计，特别是当下流行的蒸汽朋克、视觉故障等风格经常会采用反其道而行的悖论图形进行画面矛盾效果及视觉张力的打造。图2-47的作品立意于中国传统文化的创新传承，将中国文化元素中原象、华南虎、青花瓷、麻将、佛手、中式房檐等与科技元素相碰撞，并以场景化、空间化、视错等方式加以诠释，画面层次分明、空间变换，跨时空的设计元素交相辉映，运用中国红与黑白视错表达相结合，更好地凸显国潮风格。

图2-47 悖论图形（三） 郭昇权

纺织品纹样的造型创意设计依赖于生活中的观察与积累，也需要借助造型手法及创意表达进行创作，能够结合设计思维中的基础方法对造型元素展开设计创新。纹样创造本身就需要激发设计师思维的能动性、跳跃性、辩证性，能够从正逻辑、反逻辑的双重角度进行反复推敲思考，灵活运用形式美规则进行画面的艺术化处理，从而设计出符合加工工艺要求、消费市场需求的原创作品。

随着社会发展，纺织品纹样的造型设计题材更为丰富、设计风格更为多元，既包含传统的花鸟鱼兽、几何文字等形态，也包含具有未来感、科技感的数字化形态、星云宇宙等微观、宏观世界，又包含立足于当下生活的网络文化、生活方式、电器用品等。不同的纹样题材和风格，需要根据其特性选择相适应的造型手法及创意表达形式，不论是数字化纹样设计表达，还是传统的手绘表达，抑或是两者结合，都呈现出这个时代对于纺织品纹样创作形式的包容性和多元性。形式是丰富多样的，但美的追求是一致的，任何标新立异的纹样创作都需要遵循其生产工艺及消费需求，纺织品纹样服务于人，服务于生活。

第二节　纺织品纹样色彩表达

色彩是纺织品纹样的重要设计要素，色彩搭配直接决定着纹样的第一视觉印象。色彩的形成过程是光进入眼睛刺激到视觉神经后，由大脑中枢所传达反馈的感觉，所以光源是人们看见色彩的重要条件，色彩随着光源而变化。雷圭元图案艺术论提出："图案的色彩不仅仅以单纯模仿为满足，而应比自然色彩更多样、更丰富、更有表现力、更动人。"[1]纺织品纹样的色彩表达，不同于写实绘画中对于真实色彩和光影的表达，其具有较强的主观性、审美性和艺术性。

纺织品纹样设计首先需要掌握基础的色彩原理，能够在自然与生活中采集、提炼、重构色彩，然后进一步挖掘色彩的情感意蕴及情绪力量，在美学原理的指导下熟练运用色彩搭配规律及方法，应用于纹样设计。纺织品色彩设计受到流行趋势、民俗文化、应用场景、消费者需求等因素的影响，不同的色彩搭配能够呈现出不同的风格面貌，需要始终围绕人的需求为根本。

一、色彩基本原理

（一）色彩三要素

色相、明度、纯度是色彩的基本属性，也是色彩构成的三要素。色相是指色彩的本质属性，代表其所呈现的色彩本质样貌，同一色相包含原色、间色，原色和间色存在不同的色彩纯度变化，从而形成丰富的层次。色彩的纯度是指色彩的饱和度，也就是有色成分的比例分配，色彩的纯度和饱和度成正比，饱和度及有色成分含量越高其纯度也就越高。色彩的明度是指色彩本身所呈现的明暗层次，添加的白色越多其明度越高，添加的黑色越多其明度越低，单一色相可以通过明度展开色阶变化。

---

❶ 雷圭元.雷圭元图案艺术论 [M].上海:上海文化出版社,2016,5:44.

（二）色彩表情与感知觉

1. 色彩的表情

色彩不仅带来美丽的外观，更是承载着人类情感的寄托。在人类发展的历史中，人们通过植物、矿物获取色彩应用于生活，也从色彩中感知到了丰富的情感力量。色彩是影响人类情绪最直接的因素之一，效果直接且有自发性，色彩在设计作品中具有"先声夺人"的能量，往往具有第一眼吸引力，不同的色彩赋予人类不同的色彩体验，因此色彩富含着丰富的表情，传递和抚慰着人类的情绪。色彩虽具有共性的情感特点，但不同的人对于色彩表情也仍然存在不同的个性化体验评价，那么我们就来分析一下各种色彩所具备的表情特点：

红色：作为中国形象的代表色，同样具有其他表情特点，如兴奋、热闹、激情、爱情、快乐、奔放、火热、能量、血腥、危险、警示、躁动、愤怒等。

黄色：作为中国古代帝王身份的象征色，代表着阳光、希望、活泼、温暖、明快、亲切、快乐、尊贵、祥和等。

蓝色：作为天空和大海的色彩，具有理性的力量，代表着宁静、睿智、科技、知识、冷静、恒定、憧憬、思念、忧郁等。

绿色：作为大自然的基础色彩，给人们带来生命的力量，代表着和平、自然、新鲜、青涩、青春、活力、春天、萌芽等。

粉色：是女孩子最爱的色彩，代表着梦幻、甜蜜、少女、柔和、轻盈、浪漫、糖果等。

紫色：自古就作为吉色，如"红得发紫、紫气东来"，代表着神秘、高贵、优雅、魅惑、感性、不真实、孤独等。

橙色：作为最为明媚的色彩，代表着酸甜、食欲、欢快、跳跃、温暖、动感、喧嚣、夸张等。

褐色：作为大地的色彩，具有极强的包容性，代表着安稳、包容、敦厚、沉重、踏实、寂寥、沉闷、朴素、哀伤等。

2. 色彩的感知觉

色彩是通过光照刺激到人的视觉神经从而产生的色彩感知，同时引发人的心理感知。人的生理感受和心理感受是一个互相作用的共同体，因此通过色彩语言能够搭建起人类心理和生理沟通的桥梁，由于生理机制的影响，人们对于色的感知具有共同性，只有掌握这种具有共同性的色彩感知，才能够更好地服务于生活。

（1）冷感与暖感

冷感与暖感是人们通过心理感知对于色彩的印象判断，红色、橙色、黄色波长较长，属于暖色系；蓝色、绿色、紫色波长较短，属于冷色系。冷暖色除了温度上传递的不同感受之外，也能传递出空间感，通过色彩冷暖对比可以形成空间对比、画面对比，并且在纺织品纹样的应用设计中可以根据不同的使用目的选择相应色调来调节效果，如狭小空间可以借助冷色的后退和收缩感进行搭配以增加空间开阔感。

冷暖色调在某种程度上也存在相对性和可转化性，比如紫红色和橙红色相比，紫红色就被视为冷色，而橙红色为暖色；蓝紫色和蓝色相比，蓝紫色就相对更冷。同样的色彩在不同的光照下同样会呈现出不同的冷暖色调，如阳光照耀下的树叶，处于阳面和阴面的树叶，其色彩冷暖倾向也存在变化。所以在绘画写生中，我们常常会分析物体的固有色和环境色。图2-48~图2-51所呈现的是春、夏、秋、冬的四季变换，通过色彩可以鲜明地感受到季节的过渡与冷暖的变化。

图2-48 春天 何倩

图2-49 夏天 王珂思

图2-50 秋天 李紫婷

图2-51 冬天 张雅茜

（2）轻感与重感

色彩具有轻感和重感，色彩的明度差异是影响色彩视觉轻重感的重要因素，随着明度不断升高，色彩传递出的感觉就更为轻盈，如缥缈的白色；随着色彩明度不断降低，其所传递的感觉就越沉重，如稳重的黑色。因此，高明度色彩搭配感觉较轻，低明度色彩搭配感觉较重，如图2-52中上部的家居枕比下部的显得更重。

（3）华丽感与朴实感

通过色彩的纯度、明度变化可以传递出华丽和朴实的视觉感知，饱和度高且较为明亮的色彩其华丽感较强。较为晦涩无华的色彩，则更易传递出朴实的效果。此外，材料的光泽、质感也同样影响着色彩传递的华丽感与朴实感，光泽感越强更为华丽，光泽感越弱更为质朴（图2-53）。

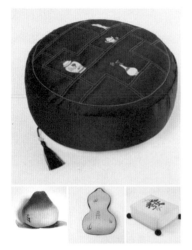

图2-52 轻感与重感 野兽派家居产品

图2-53 华丽感与朴实感

（4）生机感与阴郁感

色彩的纯度、明度直接影响着色彩的生机感与阴郁感。明亮且鲜艳的颜色具有生机感，如高明基调、强对比；暗沉且发灰的颜色具有阴郁感，如低明基调、弱对比（图2-54），色彩能够带动人们的情感共鸣。

图2-54 生机感与阴郁感 刘惠鹏

（三）色调

康定斯基在《论艺术的精神》中提到："色彩的调子和声音的刀子一样，结构非常细腻，能够唤起灵魂中的各种声音。"色调并不是单一的某一种颜色，而是整个作品所呈现的综合基调，是对于整体色彩特征的概括性描述，代表着作品所呈现的色彩外观倾向，由色彩的属性、特性共同作用而形成。如春天虽有百花的万般色彩，但整体色彩倾向于嫩绿；秋天虽有丰富多姿的硕果，但其色彩整体印象仍为丰收的黄色。物体的色彩被光的波长所决定，不同波长的光呈现出不同的色彩，其中优势波长的光线所呈现的色彩决定了其本质特征，也就是色调。

二、纺织品纹样色彩采集与表达

（一）色彩的采集

艺术大师毕加索说过："艺术家是为着从四面八方来的感动而存在的色库，从天空、大地，从纸中、从走过的物体姿态、蜘蛛网……我们在发现它们的时候，对我们来说，必须把有用的东西拿出来，从我们的作品直到他人的作品中。"可见，从平凡的事物中去观察、发现别人没有发现的美，通过客观世界的色彩提炼并进行创作，从而迸发出全新的色彩语言和情感体会。处处都是色彩，处处皆可发现，色彩可以采集和提取的内容异常丰富，既包含大自然的天然造物之美，又包含人类所创造的民俗文化之美，同样包含国内外不同流派的艺术之美，人们从自然环境、文化遗产、风土民情等内容中不断地汲取着色彩养分。

1. 传统艺术色彩的提取

传统艺术是经过时间洗礼所不断积累下来的精髓，不同地区具有不同的文化特点。中国的传统艺术较为丰富，从早期的石器到新石器时代的彩陶，再到夏、商、周时期的青铜器、汉代的漆器与丝绸、唐代的金银器与三彩、宋代的瓷器与织物、明代的家具，不同时期的传统艺术演绎着不同时期的背景、文化与审美，其色彩搭配也是丰富多姿，为今天的我们提供了丰富的学习瑰宝，如图2-55宋代赵佶的《瑞鹤图》中淡石青色渲染的天色，以及图2-56的宋代青绿山水画代表作——王希孟《千里江山图》，都是中国式配色的极致演绎。

图2-55 瑞鹤图 赵佶　　　　　　　　　　图2-56 千里江山图 王希孟

2. 民间艺术色彩的提取

民间艺术是指来自民间百姓自发形成的艺术作品形式，民间艺术作品类型丰富，具有质朴、原始的特色，不同地区特色鲜明，比如河南的木版年画、泥咕咕，山西的面塑、布老虎，陕西的皮影、剪纸，山东的风筝、彩扎，北京的兔儿爷、糖人，无锡惠山的泥人，贵州的蜡染、刺绣等。这些来自民间的艺术形式，吸纳着各地劳动人民长期的烟火气与人情味，极富有感染力，传递着诚挚的情感和温度。图2-57中泥泥狗通过黑底色与高纯度色彩的对

图2-57　民间艺术色彩

撞，配色对比鲜明、热情奔放，富有极强的装饰性，可借鉴性强。

3. 西方艺术色彩的提取

西方艺术作品中的色彩表现多姿多彩，雕塑、油画、水粉、壁画等诸多世界级艺术作品历经时间洗礼成为经典，都可以作为我们采集色彩的对象。不同流派的艺术风格，为纺织品纹样的创作提供了成熟且独具特色的参考范式，野兽派的马蒂斯、立体主义的毕加索、印象派的莫奈、超现实主义的达利等名师作品都是素材萃取及色彩提取的典范，作品的构成形式、设计理念及风格特征的可借鉴性和参考性极强。此外，西方的建筑艺术、雕塑艺术、手工艺品等形式同样存在很多佳作，可以作为色彩提取的来源。图2-58所展示的是维也纳分离派代表大师古斯塔夫·克林姆特（Gustav Klimt）的绘画作品，运用了沥粉、镶嵌、点彩等技法工艺，其鲜明的镶嵌风格极具装饰性，运用金银箔等贵重材料所打造的色彩独具特色。

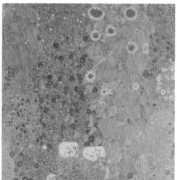

图2-58　古斯塔夫·克林姆特作品中的色彩

4. 自然艺术色彩的提取

自然孕育着万物，天地间色彩变幻无穷，从清晨的第一缕阳光到午间的烈日，再到傍晚的霞光，都为我们展示了天空色彩的绚烂。自然间的海洋、沙漠、山峦、土地、森林、岩石、花朵、鸟兽都具有自身独属的鲜活特征和浑然一体的色彩体系。春天的清新、夏天的热

情、秋天的收获、冬天的纯净，海洋的
深邃、高山的挺拔、黄土的朴实、天空
的通透，为我们展现了一幕又一幕的色
彩之美。自然是天然的艺术，也是最佳
的色彩老师，为我们提供着源源不断的
色彩宝库，激发着我们无穷尽的配色灵
感（图2-59）。

5.电子信息色彩的提取

科技的迅猛发展，为我们带来越来
越多的新鲜事物，通过计算机、霓虹灯

图2-59　自然中的色彩

等不同视觉和途径能够获取声光电的独属色彩，电子信息的色彩效果迷幻而独特，视觉角度
独特，色彩丰富且迷离（图2-60）。针对这类色彩进行分解、组合、再创造，能够形成全新
的色彩关系和色彩感觉（图2-61）。

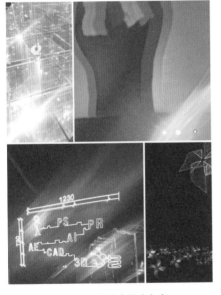

图2-60　生活中的光与色

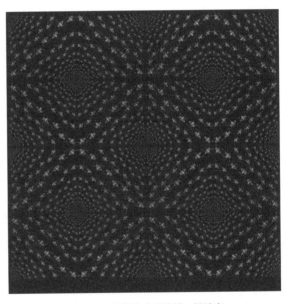

图2-61　计算机光影效果　梁端容

（二）色彩的分解及重组

通过采集可以在自然及人文资源中提取到大量丰富多姿的颜色，首先通过观察、分析、
研究其色调、比例、面积、形态等因素来总结其色彩特征，在此基础上，进一步运用色彩搭
配规律进行原有色的概括、打破与重构，在保留其特征的基础上演绎出新意。纺织品纹样的

色彩在分解与重构的过程中具有鲜明的装饰和概括特征，其设计形式主要包含平面性色彩、解构性色彩、意象性色彩。

如图2-62所展示的色彩分解重组流程图，在进行自然及人文色彩提取的过程中，要通过观察分析总结其色彩特征及搭配模式，对原有色彩进行分解剖析，从色彩外观体验和内在精神体验两个方面进行学习参考，提取其精华特征进行重构和创新演绎，再应用于纺织品纹样设计中，并且在应用过程中要注意色彩方案是否对作品主题立意和艺术表达形式具有辅助和促进作用。

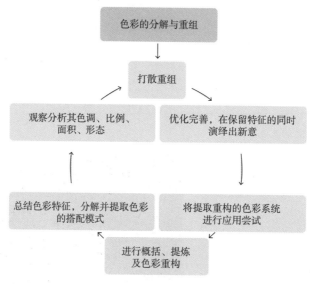

图2-62 色彩的分解重组流程图

（三）色彩的对比

通过色彩对比可以使不同颜色的特质产生反差，起到视觉强调的效果。常用的色彩对比形式主要包含：色相的对比、明度的对比、纯度的对比、冷暖的对比，以及面积的对比等。同时，色彩的对比同样也需要通过色彩调和的手段进行整体视觉的把控。

1. 色相对比

根据色相差异形成鲜明的对比关系，通常画面需要两个及以上色相进行对比，色相对比效果相对鲜明，不同的色相组合所呈现的视觉对比强弱度也不同，如红色代表热情与喜庆，绿色代表生机与希望，红、绿作为互补色，能够形成强烈的对撞效果；而蓝色和绿色作为邻近色，在色相环位置较为接近，对比效果便弱于红、绿两色。蒙德里安的《红、黄、蓝的构成》就是典型运用三原色色相进行对比的设计作品，特别2002年在伊夫·圣·罗兰（Yves Saint Laurent）服装上的应用使其既富有艺术感和装饰性（图2-63），展现出历久弥新的魅力。

2. 明暗对比

明暗对比是通过色彩的明度推移变化所产生的对比效果。色彩的明度分为高明度、中明度、低明度，不同明度能够呈现出不同的基调和色彩情绪，或明媚或沉稳或欢快或抑郁。高明度的色彩基调通常相对明快，可以分为高短调、高中调、高长调，整体视觉较为明媚开朗；中明度的色彩基调偏向于中灰色，分为中短调、中中调、中长调，整体视觉较为沉稳安定；相对来说，低明度的色彩基调就显得较为暗沉，可以分为低短调、

图2-63　伊夫·圣·罗兰服装的色相对比

低中调、低长调，整体视觉较为沉闷压抑。设计中通过明度进行色彩对比，能够在画面形成深浅不一的层次感和节奏感，如图2-64、图2-65所示，画面通过不同色相的明度差异产生对比关系，形成画面的层次感。

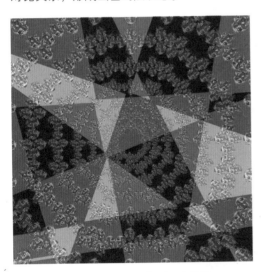

图2-64　明暗对比（一）　李彬若

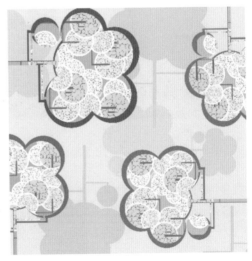

图2-65　明暗对比（二）　焦瑞洁

3. 纯度对比

纯度对比又称为色度对比、艳度对比，是颜色之间的色彩纯度差异产生的对比效果，包含高纯度和低纯度、高纯度和中纯度、中纯度和低纯度之间的对比，纯度差异越大对比效果越突出，纯度越接近对比效果越柔和。通过色彩的纯度变化，也可以较好地调节画面的整体效果（图2-66）。

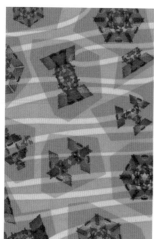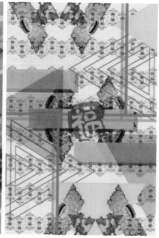

图2-66　纯度对比　王梓欣

图2-67　冷暖对比（一）张宝华　　图2-68　冷暖对比（二）赵雅芝

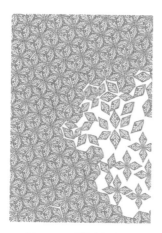

图2-69　面积对比（一）　　　图2-70　面积对比（二）
杨易儒　　　　　　　　　肖晗

4. 冷暖对比

色彩的冷暖是通过人的联想所产生的视觉温度上的感知觉，不同的色彩能够呈现出不同的心理感知和冷暖感。色彩的冷暖对比具有相对性和可应用性，在空间设计中常常使用色彩冷暖进行整体氛围的营造及季节性的把控如图2-67、图2-68所示，画面的冷暖对比加强了画面和空间的整体对比效果，更好地突出了中心和空间风格。

5. 面积对比

相同的配色，不同的对比面积会呈现出不同的视觉效果，因此面积对比也是色彩对比中常见的表现形式。面积越大其占据的视觉效果越强，面积越小其占据的视觉效果越弱（图2-69）。在进行面积对比的同时，可以结合色彩的色相、纯度、明度、冷暖、虚实等方面进行综合对比（图2-70）。

6. 虚实对比

色彩同样可以产生虚实变化，虚实也是打造画面空间感、层次感的有效手段。纺织品纹样设计在进行色彩虚实对比时，可以运用其冷暖、肌理、明度、色相、纯度等特点进行综合对比，如相比纯度低的色彩，纯度高的色彩更具有实体感，明度高的色彩比明度低的色彩更具有实体感，色彩虚实变化具有针对性和可转化性（图2-71、图2-72）。

图2-71 虚实对比（一） 杨易儒　　　　　图2-72 虚实对比（二） 林长莲

（四）色彩的调和

　　色彩的调和是指画面的色彩配置通过遵循一些方法，而达到和谐、融合、舒畅的视觉效果。色彩的调和，通常运用色相、明度、纯度、面积的变化进行整体画面的协调。色彩调和的手段包括类似调和、对比调和等。类似调和是指通过寻求相似点进行调和，如相似的明度、纯度、色相等。对比调和是指通过寻求变化进行对比，从而在风格上形成生动和谐的统一感，如运用比例相同的彩虹色进行搭配，可以形成鲜活的节奏感，抑或通过在对比强烈的色彩中间加入中性调和色进行过渡。色彩科学家查德（Judd. DB）也曾提出四个基本原理，分别是秩序的原理（principle of orger）、熟悉的原理（principle of familiarity）、类似的原理（principle of similarity）、明确的原理（principle of unambiguousness）。

1. 基于共同性的调和

　　共同性的调和是指通过找到配置色彩之间的相通性来进行画面调和，从而达到和谐统一的目的，如选择运用相同色相的不同明度和纯度进行变化；或者运用相近色、类似色，或相同明度的色彩进行画面调和。通过色彩之间的共同性，更容易建立起协调的色彩关系，在繁杂的色彩对比中迅速找到秩序性，运用色相统调、明度统调、纯度统调等方式，加入共性要素进行统一，能达到协调色彩的效果。同色系不同明度、纯度、肌理的变化，就是基于共同性调和的色彩搭配形式之一，图2-73中，整个作品通过同一色相的变化进行调和，虽然色相统一，但是基于作品色彩的深浅层次和细节变化，并不会给人单调的感觉。

图2-73　基于共同性调和　古玥、杨慧娟、张昕岚、李嘉璐

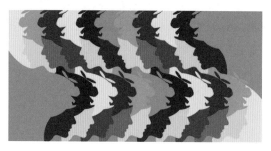

图2-74　基于秩序性调和　方莘怡

2. 基于秩序性的调和

秩序性的调和是指色彩配置过程遵循某种秩序性的规律进行排列搭配，从而使丰富的色彩形成秩序性的统一，如通过色相、明度、纯度进行统一渐次层阶的变化，从而形成具有秩序性的节奏和韵律，通常可以运用规律性重复、等比间隔、向心放射等设计手法（图2-74）。

3. 基于明确性的调和

针对色彩配置较为混沌不清晰的情况，同样可以通过一些色彩进行明确的视觉调和，使整体色彩主次分明且具有视觉张力。图2-75的画面色彩较为单一，从花瓣部分增添小面积的红、黄、蓝色彩对比，起到活跃画面节奏的效果。在画面整体对比度较弱或画面色彩层次不清的情况下，可以在不同色彩的连接处增加对比性强的色彩进行调和，形成更具有节奏感和明确的视觉效果。在图2-76作品每个色块间增加白色线条进行调和，更好地凸显了画面整体效果，使作品的层次感和装饰性更强。

图2-75　基于明确性调和（一）
丁世杰

图2-76　基于明确性调和（二）　廖佳祺

4. 基于习惯认知的调和

色彩除了视觉层面的调和，还可以通过人类的认知习惯进行调和，把人们在日常生活中的共性认知、生活经验融合到色彩搭配中，如医院里运用白色和绿色更能带来平和、干净的感觉；幼儿园运用鲜艳明快的色彩，更符合儿童的认知规律；中国人过年及结婚更喜用红色等。这种习惯性的色彩认知是基于人们的生活体验、民俗文化和自然感知中所积累形成的，在色彩设计中巧妙地运用习惯认知的调和，往往能够起到事半功倍的效果，更能引发消费者的共鸣。如图2-77、图2-78所示，是基于人类对于珠宝、海洋的认知所展开的画面色彩组织，也是打造和谐效果的手段。

除了上述四种方法之外，还可以结合面积比例、阻隔法、削弱法等进行综合色彩的调和，如通过调整面积比例大小协调画面效果，通过阻隔法增加中性色彩或金属色系调节画面对比度等，都是日常进行色彩调和时效果较为显著的设计方法（图2-79）。

图2-77　基于习惯认知的调和（一）　谢昕迪

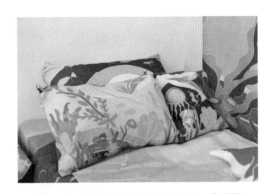

图2-78　基于习惯认知的调和（二）　章进顺

三、纺织品纹样色彩的设计特点、内容及原则

（一）设计特点

纺织品纹样的色彩具有装饰性、实用性、主观性、情感性、文化性等特点。纺织品纹样设计是在人们对自然、生活认知的基础上去提炼重构，具有较强的主观创造性和审美性，应用于纺织产品的纹样，既需要考

图2-79　Ziyan Wei设计作品及Moschino毕加索风格秀场作品

虑应用环境、消费人群、工艺实现等现实性因素，还需要兼顾人们的社会文化身份、民俗习惯和情感需求，起到满足情感、传递情感的作用。

（二）设计内容

纺织品纹样色彩设计内容主要包含确立纹样主色调、构建色彩配置结构、统筹画面用色面积比例、运用适当的表现技法，从而构建出完整的配色方案。

1. 确立纹样主色调

纺织品纹样的主色调是指纺织品花型所呈现的主要色彩基调，代表着产品的第一眼印象，也决定着产品对于消费者的第一眼吸引力。纺织品纹样设计的画面需要首先把控主色调，主色调由基色、主色、辅助色、点缀色共同构成。"基色是指印花图案中最基本的色彩，一般也指面积最大的底色（底色面积较小的满地画图案除外），它对主色调的形成起到决定作用。"[1]主色是主纹样所选用的色彩，是整个画面的视觉中心；辅助色主要用于协调、陪衬基色与主色，对画面起到调节效果。点缀色通常面积不大，色彩和主色、基色反差性较大，通过局部点缀应用于整体，并起到活跃画面的效果。基色、主色、辅助色、点缀色是构成纺织品纹样主色调的基本要素，要注重色调的整体性把控，通过合理搭配才能够呈现出具有特色又美观的色彩效果。如古驰（Gucci）中国风花鸟图案系列的主色调明确，能较好地辅助主体进行风格阐释（图2-80）。

图2-80　古驰中国风花鸟图案系列

2. 构建色彩配置结构

在确立好纹样主色调的基础上，需要进一步构建色彩结构的配置关系，针对选择的不同色彩进行组合分析，通过明度、纯度调节色彩的协调性和丰富性，拓展色彩表现的丰富性，梳理出色彩的节奏变化和视觉张力，并形成明确完善的配色方案体系（图2-81）。

---

❶ 徐百佳. 纺织品图案设计[M]. 北京:中国纺织出版社,2009:36.

3. 统筹画面用色面积比例

根据具体的配色方案结合画面主题进行分析，有针对性地、合理地对纹样进行分区配色，通过面积、比例、冷暖、虚实等进行色彩的设置和调整，通过画面的对比调和，形成强弱鲜明、空间丰富等层次效果，强调色彩配置的重点及节奏性，统筹整个画面的平衡性（图2-82）。

图2-81　色彩配置

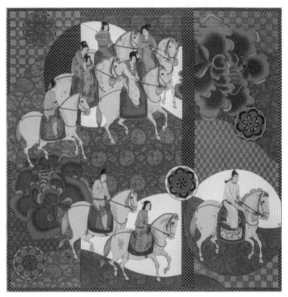

图2-82　游春图　张宝华

（三）设计原则

1. 化冗繁为简化、化杂乱为秩序

纺织品纹样的色彩设计不要一味追求色彩的繁杂，色彩的整体性、层次性、搭配性、秩序性是纺织品纹样所注重的（图2-83）。在商业设计中能够用最少的色彩表现出最丰富的视觉是非常重要的，纺织品纹样根据不同的印花工艺合理选择色彩搭配方式，套色的多少同样影响着成本的投入。

2. 化写实为夸张、化立体为平面

纺织品纹样色彩并不是纯粹的绘画写生，不需要根据真实的光影效果和立体空间效果进行色

图2-83　色彩重构　梁燕清

彩配置，可以通过夸张和平面化的重构对色彩进行再设计，根据纺织品面料的平面化特征，通常会采用平面化的纹样处理方式和色彩表现形式（图2-84）。

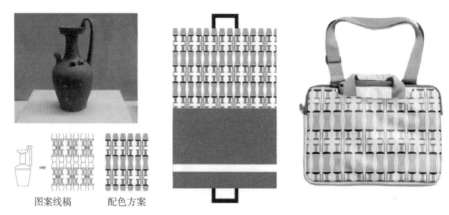

图案线稿　　　配色方案

图2-84　色彩的平面化处理　黄品源

3. 善用对比色、注重大效果

俗话说："近看花远看色"。纺织品纹样的设计需要关注纹样色彩所呈现的远效果，注重整体色彩的对比调和，以及在大空间应用中的色彩调和（图2-85）。要敢于在过于平淡的配色中大胆融合对比色进行调和，丰富画面的生动性。

4. 善用中性色，结合线条表达

在色彩对比强烈、画面用色丰富的情况下，可以借鉴传统中国绘画，善于运用中性色勾边的特点，通过中性色进行调和，利用线条表达把丰富的色彩联动起来。图2-86为欧文·琼斯（Owen Jones）所绘制的中国纹样，他在书中曾写道："中国人在色彩的搭配上自成一格，轮廓、色彩的平衡与搭配都令人赏心悦目。"

5. 结合工艺材料，融合民俗习惯

当面对不同的工艺和材料时，要有针对性地选用合适的配色方式。充分利用材料和工艺的特点，最大限度地挖掘色彩搭配的效果，如材料的光泽质感、工艺所呈现的特殊肌理等。此外，也需要考虑不同地域的民俗文化和人们对色彩的不同喜好（图2-87）。

图2-85　空间色彩调和　赵捷

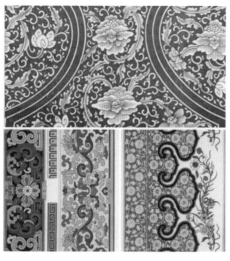

图2-86 中国纹样 欧文·琼斯　　　图2-87 贵州水族马尾绣色彩搭配

第三节　纺织品纹样肌理表达

肌理表现手法在纺织品纹样设计中占有重要的一席之地，世间万物都有其独特的外观肌理质感，通过增加纹样的肌理能够增强作品细节、趣味性及表现力。肌理从字面分析包含两部分，"肌"主要是指肌肤，"理"指的是纹理质感，肌理主要是物体表面纹理的基本特征，比如我们日常所描述的柔软、粗糙、顺滑、蓬松等。在纺织品纹样设计中，肌理表现形式多样，除了取自自然生活中的肌理，还包括设计师创意表达的肌理形式。

一、纺织品纹样肌理表现形式

（一）视觉肌理与触觉肌理

从人的体验角度来分析，肌理包含视觉肌理和触觉肌理，一种是基于视觉体验感受，另一种是基于触觉体验感受。

1. 视觉肌理

视觉肌理是从视角角度观察物体表面特征所形成的认识，也就是主要通过眼睛所察觉到的物体表面的质感特征，如其纹理的形态、色彩的层次、明暗的变化等，是通过视觉所感受到的肌理体验（图2-88）。

2. 触觉肌理

触觉肌理是通过人的触碰所感知到的，由物体表面传递出的材质特征及构造特点，如凹凸不平的起伏、光滑如镜的平整、坚硬与柔软、冰凉与滚烫等，不同的触觉会引发人们不同的情感体验（图2-89）。

图2-88　鱼的视觉肌理　张冰清

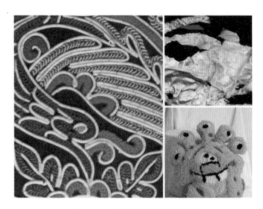

图2-89　生活中的触觉肌理

（二）自然肌理与人工肌理

根据肌理的形成方式来分类，通常包含自然肌理和人工肌理，一类是由自然生成，另一类则由人所创造。

1. 自然肌理

自然肌理指依赖大自然能量所形成的天然事物的外观肤质纹理，如斑驳的树皮、坚硬的石块、松软的草地、涟漪的湖面等（图2-90），具有天然、生动、丰富的特点。

2. 人工肌理

人工肌理是根据人的意愿加工产生的事物外观组织纹理，如瓷器上的开片、玉雕上的刻纹、纸张上的烧损痕迹、牛仔裤的做旧纹理等，具有鲜明的人类造物特点（图2-91）。

图2-90　自然中的肌理

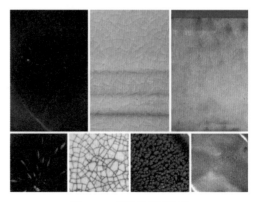

图2-91　宋瓷的釉面肌理

二、纺织品纹样肌理表达技法

肌理表达技法较为多元，既包含使用钢笔、圆珠笔、铅笔、毛笔等常规绘画工具手绘出的肌理效果，也包含运用各种方式作用于纸张所处理的肌理效果，如折、叠、皱、撕、烤、拧、揉、搓、拼、贴等，还包括使用一些非常规的工具，进行特殊效果尝试的随机性肌理效果。随着计算机辅助技术的发展，借助计算机、数位板等设备所创作的肌理，也是现代纺织品纹样设计的重要表现手段。

（一）手绘技法表达

1. 晕染法

晕染是中国画的典型技法，通过利用颜料和水的渗透特性表现效果，在纹样设计中常用于色彩的渲染、细节层次的刻画，纹样的晕染能够呈现出变化自然、层次丰富、空间起伏的整体效果，可以更好地表现细腻写实的视觉肌理效果（图2-92、图2-93）。

2. 平涂法

平涂法也是纹样设计中应用较多的表达技法，技法相对简单、操作容易，运用色块平涂形成较好的秩序感和平整度，能够呈现出明快、简洁的肌理效果。通过平整的视觉效果形成较强的画面统一性和色彩冲击力（图2-94、图2-95）。

图2-92 花鸟晕染 徐源

图2-93 花朵晕染 凌佳雯

图2-94 平涂法（一） 马博

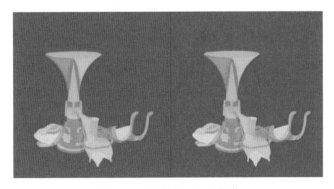

图2-95 平涂法（二） 李彬若

3. 勾线法

勾线法是通过线条勾勒纹样轮廓及细节的表现手法，通常包含先填色后勾线和先勾线后填色两种形式。勾线也是中国工笔绘画常用的典型技法，在纹样设计中能够增强画面的整体性及装饰性，通过线条勾勒起到强调画面效果和视觉中心的目的，通过自然流程的线条形态及穿插组织起到丰富画面视觉肌理效果的作用（图2-96、图2-97）。

4. 干擦法

干擦法是运用画笔蘸取偏干的颜料所擦画出的肌理效果，不同于平涂法的平整，干擦法所呈现的质地较为粗糙质朴，适用于表达一些质地较为粗狂、原生态的肌理效果（图2-98）。

5. 推移法

推移法是色彩构成中常用的方式，是利用纯度、明度、色相的渐变推移形成有节奏、有层级的变化，从而形成具有秩序性和丰富性的层次变化，整体视觉肌理较为规律美观。如图2-99所示，梯田通过色彩推移形成丰富的层次感和空间感，优化了画面整体效果，也更好地与主题相呼应。

图2-96　勾线法　邢梦宇　　　　　图2-97　中国纹样
　　　　　　　　　　　　　　　　　　　　欧文·琼斯

图2-98　干擦法　张冰清　　　　　图2-99　色彩推移　雷超琳

（二）创意技法表达

1. 拓印法

拓印是传统版画及手工印染常用的表现手法，是一种从具有鲜明肌理特征的物体表面涂上颜料或油墨，将物体纹理压印、转印到作品上的方法。如常见的植物拓印、橡皮章印，包括运用手边物品进行自由处理后所形成的随机性纹理来拓印（图2-100）。

2. 拼贴法

拼贴是进行重构常用的手法，将不同外观肌理的材质进行剪切、撕碎、粘贴，并通过遵循一定的排列方式进行重构，能够混搭出丰富且具有对比性的视觉肌理效果。图2-101、图2-102的设计作品以泥咕咕为对象，运用齿轮、钟表零件、花朵等进行拼贴重构，从而形成全新的风貌。

图2-100　拓印法　徐源

图2-101　拼贴法（一）　吴颖

图2-102　拼贴法（二）　廖秀文

3. 喷溅法

喷溅法是通过将调制好的色彩颜料在画面上进行喷、撒，从而形成喷溅式的视觉肌理效果，随机性较强，具有灵活、洒脱、自然的风格（图2-103）。

4. 渍染法

渍染是湿染的一种方法，是传统中国画中常用的技法，由于在纸面绘画时积存的色彩中带有大量的水渍，通过洇出的痕迹，渍染成型、产生形色自然、生动有趣的效果（图2-104）。

5. 熏炙法

熏炙法是通过火焰对画面进行烧制、熏烤所形成的破损性的视觉肌理效果，具有个性感和残缺美，能够打造出特殊的个性化风格（图2-105）。

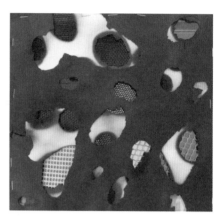

图2-103　喷溅法　　　　　图2-104　渍染法　雷圭元　　　　　　　图2-105　熏炙法

6. 镶嵌法

镶嵌是传统手工艺的制作技法，通过金属、玉石、贝壳等材质镶嵌形成具有凹凸起伏感的肌理效果，整体具有精致、华丽的视觉效果，可以作为视觉或触觉肌理的表现形式（图2-106）。

7. 擦刮法

擦刮法具有较强的随机性，主要是通过使用刀、针等利器对于画面进行摩擦和刮削，从而形成自然的肌理效果，能够起到丰富画面细节和增添作品质感的作用（图2-107）。

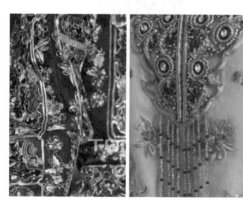

图2-106　镶嵌法　天玺礼服纹样　　　　　　图2-107　擦刮法　撒花图案设计

8. 皱纸法

皱纸法是利用纸张易塑形的特点进行处理，如揉、皱、折、叠等，然后通过上色形成丰富多变的自然纹理。在具体操作时，既可以在绘画前先对纸张进行处理，也可以绘画后再对纸张进行处理，不同厚薄、质感的纸张其特性也不同（图2-108）。

9. 加盐法

加盐法是在尚未干的水彩画面上撒盐，等吸水后纸面上会形成如雪花般形态不一的白点状肌理效果，具有较强的随机性，能够给画面增加特殊的肌理细节，起到塑造整体风格的作用（图2-109）。

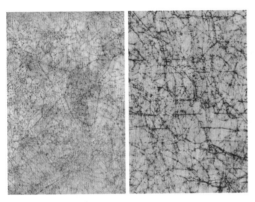

图2-108　皱纸法　黄泽亮

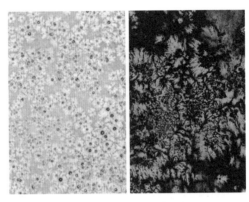

图2-109　加盐法　黄泽亮

（三）数码肌理表达

随着技术的发展，纺织品纹样设计更多通过计算机硬件、软件的辅助手段进行肌理画面的效果处理。各类作图软件里具有丰富的肌理、笔刷等工具和功能，具有较强的便捷性、可操作性和易修改性，更为符合当下的商业节奏。除了传统的绘画等方式，也可以通过数码摄影等电子设备的素材采集方式为纺织品纹样的肌理效果做出丰富变化，新的技术手段拓展了人们的创新思维和想象空间。图2-110利用数码拼贴的手法进行了画面的重构，并通过局部肌理的对比丰富了细节，突出了虚拟世界的神秘。图2-111通过像素化的肌理效果，丰富了画面色块的质感和层次。

图2-110　数码肌理　彭燕、方莘怡

图2-111　像素化肌理　刘佳慧

（四）综合创意肌理

综合创意肌理主要强调打破思维的界限，综合运用上述所讲到的肌理表现技法进行混合式搭配。设计重点是根据纹样的设计构思和主题意向去选择恰当的技法进行综合尝试与表现（图2-112~图2-115）。

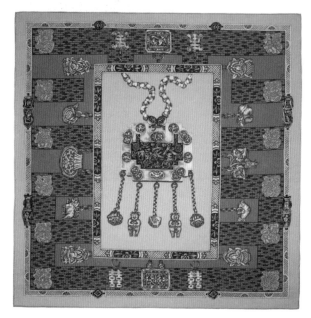

图2-112　丝巾　张宝华

图2-113　综合肌理（一）
古斯塔夫·克林姆特

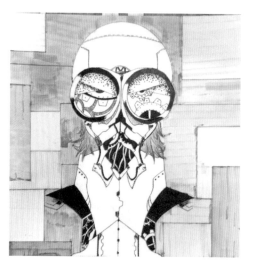

图2-114　综合肌理（二）卢亚宝

图2-115　综合肌理（三）胡德梁

第四节 纺织品纹样空间表达

空间是具有长、宽、高的三维立体状态。纺织品纹样根据空间形态，大致可以分为平面装饰纹样、浮雕装饰纹样和立体装饰纹样，不同的工艺形式及产品应用载体决定着纺织品纹样不同的空间形态，既可以是纯粹的二维空间形态、三维空间形态，也可以通过错视形成三维视觉空间效果。

如何在平面空间中进行三维及多维空间的创意塑造是纺织品纹样空间表达的基础问题。纺织品纹样通常是在二维的空间内通过综合运用造型要素进行多维空间效果的探索，从而形成丰富的画面效果。纺织品纹样既可以运用在二维空间产品载体上，也可以在三维立体造型产品上应用，因此其纹样的表现形式是多元的，可以通过透视、视错、光影、数码拼贴等方式进行空间构成。

一、纺织品纹样空间形式

（一）二维

二维是由长、宽所构成的空间形式，具有平面式的特点，大多数纺织品纹样都是采用平面式的二维空间表现形式，具有高度概括、装饰性强、画面简洁的设计特点，非常适用于日常的产品设计和场景应用。

（二）三维

三维是由长、宽、高所构成的立体空间，具有立体感强、空间感强的特点。设计过程中可以通过明暗、虚实、透叠、透视、对比等方式进行视觉上的立体空间构建，从而能形成较强的画面冲击力和层次感。

（三）二维至三维的转化

在纺织品纹样设计中，二维和三维空间具有可转换性，把现实事物提炼概括后进行平面化处理是三维到二维的设计转换，通过把二维空间的设计元素进行厚度的处理、前后时空的对比、形态的透叠、透视关系的营造，可以转化出三维立体效果的视觉观感，从而形成更具有深度和层次感的视觉张力。

纺织品纹样空间感的打造，需要整合调动纹样的造型元素，以及形、色、材要素，全方位地拓展空间层次的可能性，可以通过改造造型空间、想象空间、认知空间等方式，拓展作品的视觉空间效果。在纺织品纹样空间表现设计中，需要掌握空间的物理性概念，以及基于空间视觉的心理认知规律。

二、纺织品纹样立体空间化

空间是立体的表现形式，其作为客观存在的物质，是长度、宽度、高度的集合。立体是空间的特征，纺织品纹样的立体空间化处理归根到底是对于想象力的训练，需要通过创意视角对纹样进行全新的架构，比如运用透视关系进行构图空间和造型元素布局的立体化塑造；通过主体纹样的空间化造型打造立体空间感；利用画面层叠、错位等手法打造立体空间感等。

纹样的空间能够反馈出视线的远近及矛盾转换，由此带来丰富的表现趣味，给纺织品纹样设计提供多样的设计语言和艺术张力。"装饰图案创作更强调创作的平面立体化，即图案空间表现运用色线和色块作为主要的构建手段，以平涂的手法表现立体的层次感，灵活多变。为了更加突出表现图案立体化效果，往往对图案中的平面色块及线条进行不同层次的穿插组合，来强调'平面立体化'手法的创作特征及其艺术价值，营造感觉和知觉暗示下的立体空间，凸显图案不拘一格的形式美、装饰美、空间美。"[1] "由平面形态风格的把握，转向立体空间的追求，简练的平面或立体造型、有序的空间构成，将增加图案的表现空间。因此，在构成实验前，根据图案的形式风格和具体表现的形式要素进行精心构思、巧妙构成，由几何形趋向自然形象。在整合平面推移和透视的构成中，由于设计因素的增多，不同目的的不同选择、整合，不同对比元素、不同对比幅度形成空间表现的种种风格，由于形式表现因素的增多，会忽视整体主次动态关系，忽视前后空间关系、忽视形色构成的同步关系，钻入局部造成画面混乱的现象。强调归纳复杂现象为抽象形态，做整体关系的思考调整，在此基础上丰富不同大小形式和层次的表现，追求种种理性规整或感性变化"[2]。可见，纺织品纹样的立体空间化表达，是可以通过各种手段实现的，但在实现的同时也需要提前进行大量的统筹思考和画面层次的协调工作。

---

❶ 孙斐.试论装饰图案的"平面立体化"表现手法 [J].美术教育研究,2012(24):16.
❷ 廖军等.装饰图案 [M].沈阳:辽宁美术出版社,2015.

三、纺织品纹样空间表达手法

（一）利用形态交错表达

通过利用纹样形态的大小对比、纵横交叉、方向性引导、形态错位、重叠透叠、投射阴影等方式形成前后、虚实的空间对比关系，如通过线与线的穿插、面与面的组合。图2-116利用设计要素形态的前后穿插，形成空间感的层次。图2-117利用线条的纵横交错形成立体空间感的塑造。

图2-116　穿插空间表达　谢昕迪

图2-117　交错空间表达　王梓欣

（二）利用透视原理表达

借助透视原理的规律进行纺织品纹样空间表达是常见的空间表达手法。透视是通过二维空间表达三维空间效果的过程，包含视点、视平线、视角、消失点四个要素，通过近大远小、近宽远窄、近实远虚等透视规律进行画面空间的塑造（图2-118、图2-119）。

图2-118　平行透视　付苗淼

图2-119　散点透视　翟晨添

1. 平行透视

平行透视又称一点透视，是指画面中的所有构成要素，通过视平线消失于同一个点，形成具有纵深效果的前后空间层次。

2. 散点透视

散点透视又称多点透视，是在画面中通过多个视角进行透视，对画面以无线定向视点的方法进行观察与刻画，中国传统绘画常用散点透视法。散点透视具有灵活、自由、变化的立体空间特点。

3. 任意透视

任意透视更为自由，通过画面要素透视方向的不同，进行灵活的画面组织，从而形成无限延伸的空间视觉。任意透视会形成视错的感觉，给人一种奇特和新奇的体验。

（三）利用空间形态表达

通过利用空间形态的构成元素进行主题画面的布局，借助生活中的空间场景形态，结合于设计中，从而形成画面的空间感，产生新颖的视觉感受（图2-120）。图2-121为版画家M.C.埃舍尔（Maurits Cornelis Escher）的作品《水洼》，通过水洼的投影视觉打造出别具一格的空间感。

图2-120　空间形态表达　吴颖　　　　　　　图2-121　水洼　M.C.埃舍尔

（四）利用矛盾空间表达

矛盾空间是利用反转图形、悖理图形等方式，通过二维空间进行特殊立体空间的塑造。矛盾空间具有不真实性和现实不可见性，利用了视错感知规律，形成矛盾、模糊、混乱的空间形态，具有较强的戏剧性和趣味性。荷兰版画家埃舍尔的众多版画作品都是矛盾空间的代表，其通过二维平面空间来构建三维视觉空间，运用空间扭曲、图底转化等手法打造出矛盾的视错感，形成具有奇幻色彩的超现实空间场景（图2-122）。

（五）利用创意想象表达

1. 绘画内容选材的多样化

在进行纺织品纹样设计时，画面题材内容的创意想象及组织，是进行空间表达的策略之一。如图2-123所示，画面通过《画家与大自然的交流》为主题进行创意想象与构思，通过画面中心的"画箱"展开整个空间层次构架，利用画箱打开的状态和抽拉的造型，无形中形成多个小空间，并结合刷子、刮刀、尺子、颜料瓶、切割器、调色板、花卉等元素形成错落有致的层次节奏。画面内容的组织安排为其空间感的营造提供了可行性的表达方式。图2-124中的作品以《盆栽星球》为主题，把植物造型与幻想的星球空间相结合，在二维空间里探索想象空间，拓展了画面空间的表达语言。图2-125中的作品将自然与科技发展相融合，在这个科技发展迅速的年代，越来越多电子产品的出现让人们开始忽略大自然的神秘和美丽，作品将两者纺织在一个想象宇宙里，尝试打造新的奇妙景象。

图2-122 矛盾空间 M.C.埃舍尔

图2-123 画家与大自然的交流 爱马仕丝巾

图2-124 盆栽星球 肖晗

图2-125 自然与科技题材空间表达 古玥

2. 布局表现形式的新颖性

纺织品纹样在确定了主题和内容后，就需要进一步明确画面的构图布局及表现手法。构图布局及表现手法也同样可以通过创意想象拓展出新的空间表达方式。如图2-126所示，作品画面创意地采用船桨形态为视角窗口，通过窗口向内延伸的画面中心为一艘舰艇，这种借景的表现手法可以展开空间感的打造。图2-127~图2-129的作品也是通过新颖的表现方式对吊塔、泥咕咕、青铜器进行了创意思维和画面空间重构，形成了风格各异的鲜明特色。

图2-126 新颖的空间表达（一）爱马仕丝巾

图2-127 新颖的空间表达（二）刘惠鹏

图2-128 新颖的空间表达（三）卢慧雯

图2-129 新颖的空间表达（四）唐睿

3. 色彩层次变化的丰富性

除了主题内容、布局及表现方式的创意表达，色彩也能够帮助纺织品纹样去打造出多层次的空间感。通过色彩的对比、调和、渐变，形成丰富多变的空间层次。本章第二节纺织纹样的色彩中，曾分析了色彩的表达方式，通过色彩关系的设置，也可打造出具有冷暖、远近及不同情感体验的画面视觉，这种对比方式及色彩的光影处理有助于纹样空间感的塑造。图2-130中的作品，通过色彩把平面化的青铜器形态变化出丰富的层次。图2-131尝试在单一色相里进行丰富的色彩层次变化，通过色彩过渡对比，延伸出空间层次感。图2-132通过不同扇面的色彩、纹饰形成空间层次对比，以打破原本二维的平面。图2-133通过数码拼贴的方式，利用不同空间色彩关系进行对比，形成鲜明的虚拟想象空间，拓展出丰富的视觉变化。

图2-130　色彩空间表达（一）　李彬若

图2-131　色彩空间表达（二）　方莘怡

图2-132　丝巾色彩层次设计　张宝华

图2-133　色彩空间表达（三）　彭燕、方莘怡

4. 视觉形象的创意概括性

　　画面视觉形象元素塑造的概括性是塑造层次空间的方法之一，通过对于设计对象元素的提炼及概括化设计，用更为丰富的形象元素有节奏地重构，打造出丰富的空间层次感。图2-134为威廉·莫里斯的植物纹样设计作品，画面高度提炼了栅栏木格的植物，通过几何形不对称的枝蔓与简洁的叶片结合，利用框架的穿插秩序完成空间层次的营造，用平面表现

手法展现出视觉空间。图2-135中的作品提炼了琴键元素，进行秩序性排列，通过琴键色彩的对比形成错落有致的节奏空间感。

图2-134　植物纹样作品空间营造　威廉·莫里斯

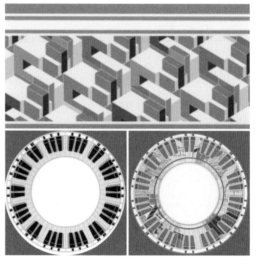

图2-135　视觉概括空间表达　刘佳慧

⌘ 知识链接

图2-136　丹尼尔·麦克作品

1. 丹尼尔·麦克（Daniel Mackie）是一位屡获殊荣的英国数字插画师，他的插画内容包含希腊神话故事、肖像绘画、动物绘画等非常有趣的题材作品。丹尼尔以传统的水彩绘法为主，虽然并没有用非常有科技感的特技渲染，但插画作品依旧是精彩绝伦，提供了丰富多彩的视觉解决方案。丹尼尔的作品都有一个鲜明的主题，如"动物在自然栖息地"，为了给画作增添有趣的细节，动物的形态也是他设计的关键，需要有非常强的可识别性，能够快速被识别出其所代表的生物属性。此外，丹尼尔也从Art Deco中提取了灵感与线索，在尽可能保持动物的形状基础上，增添了生动鲜活的细节（图2-136）。

2.《营造法式》是中国北宋时期官修的建筑技术书籍，被梁思成称为中国古代建筑的"语法"，除了建筑结构及相关专业技术规范之外，其中所呈现的彩画锦纹为我们现代装饰艺术提供了极大的参考性。

李路珂在《营造法式》彩画研究中分析了彩画纹样，"琐文：'琐'的本义是玉件相击发出的细碎声音或玉屑，引申为细小、琐碎之意；又指镂玉为连环，泛指连锁状的图形或纹样。'琐'在战国以来对装饰的描绘中频频出现；而回文、连环等简单的连锁图形，在新石器时代的彩陶纹样中已经出现了。因此，对连锁纹样的创造和喜好，应是基于人类的视觉本能，而在中国传统装饰艺术中，是一种延续性很强的纹样类型。从图样看来，《营造法式》彩画作中的'琐文'六品共24种纹样，是以一些对称性很强的母题作为纹样单元（'环''玛瑙''铤''卐字'等）进行带状一维复制，或按照正方形或六边形网格进行二维复制而成，纹样单元之间形成'连锁'的关系，是经过装饰化处理的几何纹样"❶（图2-137）。

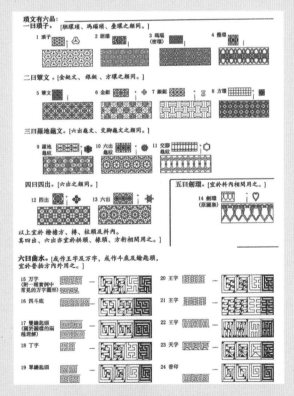

图2-137　《营造法式》的琐文插图

❶ 李路珂.《营造法式》彩画研究 [M].南京:东南大学出版社,2011:260.

(?) **课后思考**

1. 纺织品纹样有哪些造型元素？分别有什么特性？试举例说明。

2. 什么是同构图形、共生图形、悖论图形？试列举案例进行分析。

3. 图形置换可以从哪些方面着手？试列举案例分析说明。

4. 简化归纳法的运用当中需要注意哪些要点？

5. 夸张变形手法有哪些形式？试举例加以说明。

6. 求全法、巧合法有哪些形式？试举例加以说明。

7. 如何通过色彩表达情感？家居空间中的纺织品纹样色彩要考虑哪些因素？

8. 色彩的对比调和包括哪些形式？

9. 肌理对于纺织品纹样的表现有何影响？试举例说明。

10. 如何表现纺织品纹样的视觉空间效果？

📖 **延伸阅读**

1. 欧文·琼斯. 中国纹样 [M]. 上海：上海古籍出版社，2021.

2. 伊丽莎白·威尔海德. 世界花纹与图案大典 [M]. 上海：中国画报出版社，2020.

3. 赵丰. 中国古代丝绸设计素材图系 [M]. 杭州：浙江大学出版社，2018.

4. 张晓霞. 中国古代染织纹样史 [M]. 北京：北京大学出版社，2016.

5. 刘远洋. 中国古代织绣纹样 [M]. 上海：学林出版社，2016.

6. 黄清穗，覃淑霞. 中国纹样之美 [M]. 南京：江苏人民出版社，2022.

7. 汪芳. 染织绣经典图案与工艺——从服装到家纺设计 [M]. 上海：东华大学出版社，2021.

8. 杰西·戴. 线条·色彩·形式 [M]. 孙彤彤，译. 济南：山东画报出版社，2014.

纺织品纹样秩序构建

本章重点： 本章教学重点在于学生通过学习掌握纺织品纹样设计中重复性、秩序化构建的方法，掌握围绕基本形及其衍生图形展开线性重复与面性重复排列构成的设计方法，理解"图"与"底"的关系，知晓纹样的跳接版方法。

本章难点： 本章教学难点在于使学生熟练掌握线性重复的方法与面性重复的骨格设计与填充的方法，概念清晰地把握"图"与"底"的关系。

第一节 纺织品纹样的秩序

重复的图案让人觉得舒适，设计的奇迹激发我们的想象力。

——奥斯卡·瓦德（Oscar Wilde）

本书在第二章"纺织品纹样设计要素"中详尽地探讨了纺织品纹样造型的类型与方法、色彩、肌理、空间表达等方面的设计要点，为本章围绕纺织品纹样基本形展开重复性、秩序化地构建奠定了基础。

纺织品纹样本质上是通过循环反复利用相同或相近的图形构成织物来传递装饰意味与秩序美感，用于服装和家居产品设计中的纺织品大多采用重复性构成的图案形式，如古驰（Gucci）在其服装、家居产品中大量使用纹样表达（图3–1）。"重复，是自我的生产性的重复"[1]，是纹样产生的基础，图形在重复自身的过程中产生新的形式——纹样。法国哲学家德勒兹认为，"在重复中，我们处理的元素是绝对同一的（如果它们并不同一，就没有重复可言），但同时它们也应该是差异的（如果它们之间无法彼此区分，同样也不存在重复：因为那样它们就只是同一个事件）。"[2]于纹样而言，构成纹样的基础元素——基本形（单元形）是同一的，在重复的过程中，其位置、方向角度的变化又使其产生差异。借助于重复，图形个体在呈现自身个性与特色的同时能够彼此关联，依靠规律变化将多样性的差异与统一性的整体统合在一起。重复的形式源于对自然现象的观察与思考，是构建秩序的必要途径，就像心脏跳动一般，重复产生的秩序与动势逆发生命力，从而使画面充满生机。

秩序感作为人类照观世界的方式，将或简单或复杂，或混乱或规律的物象转化为思想与

---

[1] 约翰·卡普托.激进诠释学:重复、解构与诠释学策划[M].李建盛,译.北京:北京大学出版社,2021:88.

[2] 亨利·萨默尔－霍尔.导读德勒兹《差异与重复》[M].郑旭东,译.重庆:重庆大学出版社,2021:68-69.

情感投射在人造物载体上，"是人们
能在复杂、多变自然生态环境中谋
求生存和发展的情感基础，是人类天
生具备的情感认知。"❶日本著名艺术
家草间弥生运用波尔卡圆点秩序化
构建出她充满张力的异想世界，大
小有序的圆点按照一定方向无限重
复，铺陈开来，看似平静的画面呈现
出奇妙的流动感（图3-2），正如英
国学者贡布里希爵士所言："秩序感
是一种视觉心理，是人对外在事物的

图3-1　古驰产品的纹样应用

视觉感知……表现在一切设计风格之中，并且根植于人类的生物遗传之中。"❷从运行的星体
到大海的浪花，从奇妙的结晶到自然界中更高级的创造物——有丰富秩序的花朵、贝壳、羽
毛、雪花等，自然法则构筑的秩序与平衡不断影响着人类世界的运转，为人类适应和改造世
界提供源源不断的启示。中国湖北江陵马山楚墓出土的春秋战国时期舞人动物纹锦将强烈的
秩序感与象征表达结合起来，采用对龙、对凤、对舞人等图形为循环单元，组织结构以折线
形隐性骨格横向连续排列而后纵向重复，简练概括的人物舞蹈动态造型惟妙惟肖，生动再现
了先民的生活场景，充满动感韵律（图3-3）。中亚地区伊斯兰文化中的纹样则多以"理想
化的植物形状或卷须花蔓、枝叶、花蕾与花朵图案，来体现有机生命及其循环往复的周期性

图3-2　草间弥生作品

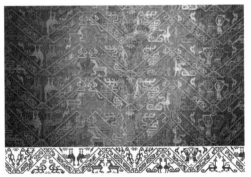

图3-3　战国楚墓舞人动物纹锦

❶ 张伟，徐涛涛.秩序感理论下的纺织品几何形态在室内陈设中的应用 [J].棉纺织技术,2021(7):96-97.
❷ E.H.贡布里希.秩序感——装饰艺术的心理学研究 [M].杨思梁,徐一维,范景中,译.南宁:广西美术出版社,
2015:11-13.

运动" ❶（图3-4、图3-5）。

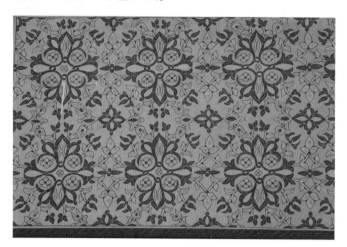 

图3-4 阿拉伯纹样　　　　　　　　　　　　图3-5 伊朗挂毯纹样

　　道法自然，观物取象，仰望天象，俯视地法，设计者观察大地万物繁简有序的道理，继而转译创作表达于纺织品纹样设计中。这种设计按照一定的比例、平衡等自然规律法则进行，是对自然秩序隐性的表达，需排除掉任意性、随机性、无序性、混乱性等因素，"既要简单得能够被人眼接纳，又要花样多得让人看了愉快……但过于单调可能无法吸引人们的注意力，过于复杂可能使人眼花缭乱。"❷务求做到"增之一分则多，减之一分则少"。就像英国学者欧文·琼斯（Owen Jones）在《装饰的法则》一书中谈及形式的基本原理时所言："线条的起伏波动、层层相生造就了形式上的美，应不存在赘余的部分，任何部分的删减都不会为整体增添美感，反而可能破坏了原有的美感"❸。

　　秩序的理性特征和审美特征需要多样且统一，20世纪初图案艺术家与教育家陈之佛先生将其总结为"乱中见整，个中见全，平中求奇，熟中求生"（图3-6），"这些'乱与整，个与全，平与奇，熟与生'，都属于矛盾对立的两个方面，如何使这些互相对立、互相排斥，而又在它内部互相依存、互相联系的东西，达到矛盾统一"❹从而形成和谐美感，满足人们视觉与心理诉求，达到一种恬静感。"真正的美是当眼睛、理智和感情的各种愿望都得到满足时，心灵就能感受到这种恬静。"❺

❶ 道尔德·萨顿.几何天才的杰作——伊斯兰图案设计 [M].贺俊杰,铁红玲,译.长沙:湖南科学技术出版社,2015:1.
❷ E.H.贡布里希.秩序感——装饰艺术的心理学研究 [M].杨思梁,徐一维,范景中,译.南宁:广西美术出版社,2015:11-13.
❸ 欧文·琼斯.装饰的法则 [M].张心童,译.杭州:浙江人民美术出版社,2018:1-3.
❹ 陈之佛.图案法 ABC 图案构成法 [M].陈池瑜,编.南京:南京师范大学出版社,2020:16-17.
❺ 欧文·琼斯.装饰的法则 [M].张心童,译.杭州:浙江人民美术出版社,2018:1-3.

图3-6　纹样作品　陈之佛

　　奠土为基，立柱用础。基本形及其重复构成可谓是纺织品纹样的基础，亦是其设计变化的精髓所在，二者相互影响，共同铸就了纹样无限延展的可能性。且二者不是随意为之的，纺织品纹样的秩序构建蕴含着法则与数理的美。"有理、有数，才有规范，才严整，才有装饰性，才引人入胜。"❶ 如此，形态各异的图形才能得到井然有序、千变万化的安置，纺织品繁杂的画面才能实现整体均衡且统一的视觉效果，在不断地变化中寻求统一，在统一中寻求变化，丰富多样的变化应是统一且有规律地呈现，这亦是形式美的基本准则。

第二节　纺织品纹样的基本形与单元形

一、纺织品纹样的基本形

　　基本形，顾名思义，即基本图形。基本形又称元素（Element），是构成纺织品纹样的基本要素，是最小的、不可分割的图形信息，融合艺术表现的内在活力与外在张力，是纹样重复构成中的"原子"。在纹样设计中，作为基本单位的基本形既可以作为独立的个体应用于纺织品中，也可以形态保持不变，进行不同角度的旋转，这些角度不同的基本形变体也能作为独立元素，二者皆可通过重复排列形成新的视觉面貌，如奢侈品牌路易·威登（Louis Vuitton）的logo，既可以独立应用于服饰品的装饰，亦可通过重复排列形成纹样的形式（图3-7）。因

---

❶ 雷圭元.雷圭元图案艺术论 [M].杨成寅,林文霞,整理.上海:上海文化出版社,2016:25-26.

图3-7 路易·威登品牌标志纹样

此，基本形的设计至关重要，它是推动后期纹样变化的决定因素，亦体现出直观映象下图形的本质。

基本形可以由任意形态的物象组成，既可简单如苏格兰格纹，通过改变线条的宽窄与疏密，交叉重叠形成的格纹，在丰富的色彩变化作用下形成万千风貌，以沉稳的格调呈现在英国奢侈品牌博柏利（Burberry）的服装中（图3-8），或以叛逆不羁朋克范儿呈现在服装设计大师薇薇安·韦斯特伍德（Vivienne Westwood）女装中（图3-9）；亦可复杂如工艺美术运动时期代表人物威廉·莫里斯的纹样作品，其花叶繁复交织，形成复杂的空间感（图3-10）；又或者如中国传统纹样那般不止于丰富的造型，更诉诸情感的表达，如"牡丹引凤""凤喜牡丹""凤戏牡丹"等以五彩身姿的凤纹与雍容华贵的牡丹搭

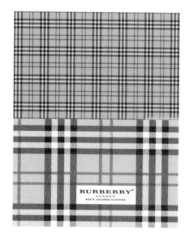

图3-8 格子纹样 博柏利

图3-9 格纹时装 薇薇安·韦斯特伍德

图3-10 植物纹样作品 威廉·莫里斯

配组合，表露质朴的心愿，以及对美好生活的祈盼（图3-11），又或将"寿"字进行艺术加工，在笔画收尾处以如意云纹装饰，而后以织花纹样呈现在服装中，反映出古代人民祈求幸福、安康的美好意愿（图3-12）。

图3-11　凤戏牡丹纹样　　　　　　　　　图3-12　清代服饰中的寿字纹样

基本形或抽象或具象，或多彩或黑白，或二维或三维，或单一题材或复合题材，从日月星辰到文字符号，从衣食住行到几何图形，从自然物到人造物，基本形形态自由多变，"一切动植物、人物以及天象地文等，随时随地在我们的周围任我们去采择以作图案的资料。"[1]一些奢侈品牌的品牌印花（monogram）往往运用简单的几何图形、文字等展开纹样构建。如博柏利品牌的新Logo和据其品牌创办人托马斯·博柏利（Thomas Burberry）名字首字母"T""B"为灵感设计的品牌印花纹样，将橘色字母T与白色字母B穿插形成重复性印花纹样，底色依旧是卡其色（图3-13）。需要注意的是，陈之佛先生主张"图案制作者自身的思想和情感上所发生的艺术的创意，不可不加于资料之上，把自然的精神、自然的美等妙趣横生地表现于图案上"。换言之，陈之佛先生强调纹样设计需要设计者从直观的映象中挖掘美的构造，把自身的

图3-13　博柏利品牌印花

[1] 沈榆. 中国现代设计观念史 [M]. 上海：上海人民美术出版社，2017:28.

观点、想法融入创作中，从而使基本形的设计形神兼备。

　　基本形设计因其轮廓、结构、线型、色彩、肌理等表达语言在空间中的位置、方向、虚实、明暗等关系会引起视觉、知觉等感官效应，把握设计表达的要点方能达到特征鲜明的视觉效果。作为纺织品纹样设计的前端工作，因其涉及后期的重复排列，基本形的设计应简洁、明了，过于复杂易导致视觉信息冗余，降低基本形的信息传递，亦会因我们的知觉系统负荷过重而停止对它进行欣赏。一个好的基本形，宜清晰地传递设计者的意图及内涵，提升其设计表达力，如汉代的云气纹造型简洁流畅，头部呈如意状，尾部如同飘舞的扫云，回旋婉转间如云雾飘渺的仙境（图3-14）。还有一类基本形，尤其是植物、动物、器物等具象形在设计造型轮廓线之初，就应考虑其后期重复排列时形与形之间相互镶嵌重合的效果，如荷兰版画家M.C.埃舍尔的艺术作品《鱼》就是非常典型的代表，其引人入胜、不可思议的视觉呈现深刻地揭示了大自然的秩序与变化法则，至今仍是大量设计者探索学习的范例（图3-15）。

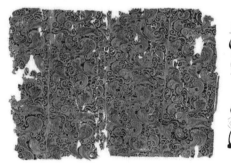

图3-14　汉代云纹织锦残片

图3-15　鱼　M.C.埃舍尔

　　基本形常见的构图形式可分为自由式、适形式、对称式、均衡式等类型（图3-16~图3-24），在进行重复性秩序构建时，不同类型的基本形，因排列的规律法则不同而随之形成风格各异的纹样视觉表现。基本形的造型风格特点、色彩选择搭配等因素决定了后期纹样秩序构建的疏密、层次、角度等关系，还决定了纺织品的整体风格走向，即或工整有致或轻松自在，或庄重沉稳或激烈冲击的视觉情绪表现。如造型呈现卡通趣味的基本形就不适宜严肃工整的排列方法，在排列时应注意基本形的角度可以变化，间隔距离不宜过近，以营造轻松愉悦的画面氛围（图3-25、图3-26）。

图3-16　自由式基本形（一）祁小小

图3-17　自由式基本形（二）
孙艺伟

图3-18　对称式基本形（一）
刘李杰

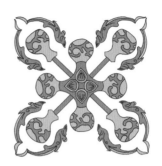

图3-19　对称式基本形（二）
石爽

图3-20　适形式基本形（一）
闪硕

图3-21　适形式基本形（二）
汤欣月

图3-22　均衡式基本形（一）
王清香

图3-23　均衡式基本形（二）　段玥玥

图3-24　均衡式基本形（三）　杨寒聪

图3-25　基本形排列（一）　张昕岚

图3-26　基本形排列（二）　杨杰

许多设计初学者在进行纹样设计时，往往是先设计基本形，再考虑后期的排列构成，这样的设计顺序在后期进行秩序构建时往往会受到诸多限制。因而，设计者在接到设计任务时，首要考虑的是纹样的消费者画像、风格定位等限制性因素，在这个基础上再展开设计调研，推进基本形的设计。

二、纺织品纹样的单元形

单元形，也称基本形的衍生、基本形的群化。英国学者保罗·杰克森（Paul Jackson）在其《图案设计学》（*How to Make Repeat Patterns*）一书将其称为模块元素（Motif），无论哪种称谓，皆是由两个及两个以上元素或元素变体或辅助元素共同组合而成。如果说基本形为纺织品纹样原子的话，那么单元形则为纺织品纹样的分子。基本形的数量，以及随着数量增加而产生的形与形之间的相互关系，决定着单元形的视觉效果。基本形通过平移、镜像、旋转、叠加等方法变化出衍生图形，而后形与形无论是随机组合，还是旋转对称组合，

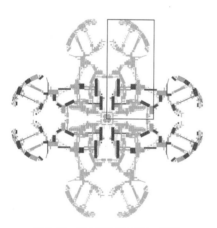

图3-27 基本形与单元形 张桐

又或是大小变化组合，随着组合方式的变化，"N+1"基本形可以呈现出无穷尽的单元形。基本形组合过程中，设计者对形式美和比例的敏感程度，以及距离、角度、数量、大小、虚实这些因素都会影响着单元形的形成，不同的间隔、不同的组合方式衍生出各种复杂程度不一的单元形。如以甲骨文"兔"字为灵感的纹样设计中，红框内为基本形，基本形通过旋转、镜像、虚实、色彩变化共同构成单元形（图3-27）。此外，方向、辅助性元素的变化均可对单元形的视觉效果产生一定的影响（图3-28、图3-29）。

图3-28 方向不同的单元形 施扬英

图3-29 辅助元素不同的单元形 施扬英

单元形在纺织品纹样重复中可被视为一个独立的个体（基本元素）进行规律性或随机性

重复排列而形成的模块。可见，纺织品纹样设计中由基本形（元素）和单元形（模块元素）共同构成了排列的无限可能性（图3-30）。尽管基本形自身亦是独立的个体，但对于基本形或单元形的判断取决于纺织品纹样整体画面的呈现。

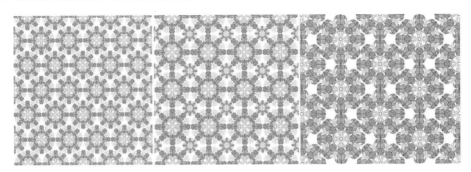

图3-30 单元形纹样设计 施扬英

基本形可借助以下组合方法实现群化衍生形成单元形，但这些组合方式并非孤立的，在具体实践运用中可根据设计构思综合运用。

（一）数量

数量是对现实生活中事物"量"的抽象表达，是一种量化概念。数量是单元形构成的必要条件，基本形数量增加，形与形之间的关系随之趋向复杂，间隔距离、旋转角度、大小等关系介入单元形的秩序构建中。因此，单元形的丰富程度与基本形的数量变化是紧密相连的（图3-31、图3-32）。

图3-31 数量变化产生不同的单元形（一） 吴聪

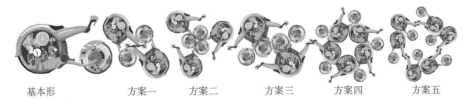

基本形　　　方案一　　　方案二　　　方案三　　　方案四　　　方案五

图3-32 数量变化产生不同的单元形（二） 刘惠鹏

（二）距离

距离是单元形中基本形与基本形之间在空间上相隔或间隔的长度。距离有远近疏密之分，形与形之间的重合、相交、相切等关系，使得单元形的视觉形态各异（图3-33）。此外，基本形的数量也影响着距离的变化，一般而言，基本形越少，距离变化越简单，距离随着基本形数量的增加呈现复杂态势。与此同时，秩序感随之逐步构建，等距、等比渐变的距离变化促使单元形产生相应的秩序美感。

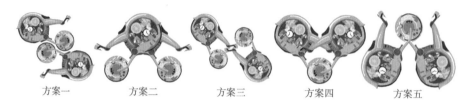

方案一　　　　方案二　　　　方案三　　　　方案四　　　　方案五

图3-33　距离变化产生不同的单元形　刘惠鹏

（三）旋转

构成单元形的基本形与基本形各自的旋转角度不同，组合方式亦呈现万千变化。镜像组合是较为常见的组合，自由随意的基本形会因为镜像组合而呈现对称性。中国传统纹样"陵阳公样"就采用了对鹿、对马、斗羊等镜像对称的表现方式。镜像有垂直镜像与水平镜像之分。同时，旋转角度的变化和基本形数量相组合，会产生轴对称或中心对称的方式，坐标轴在展开旋转时会有一定辅助作用。需要注意的是，坐标轴不仅仅只是建立于二维空间的X轴与Y轴的关系，更需要设计者拓展空间思维的能力，建立围绕X轴Y轴与Z轴空间旋转的概念，其中涉及的变化可能性，亦会因空间旋转概念的介入而促使变化的形式随之增多（图3-34、图3-35）。

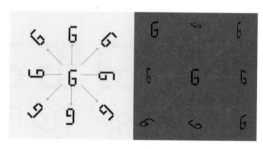

图3-34　平面旋转与空间旋转　吴聪

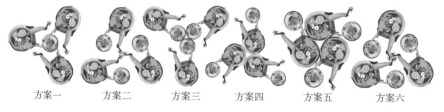

方案一　　　方案二　　　方案三　　　方案四　　　方案五　　　方案六

图3-35　旋转变化产生不同的单元形　刘惠鹏

（四）大小

大小作为一种对比关系，是影响单元形构成组合的一种因素。大小的变化规律与比例有着密切的关系，"最难用眼察觉的比例也是最具美感的比例，因此，2倍、4倍或8倍不如5∶8这种更微妙的比例美；3∶6的比例不如3∶7的比例美；3∶9的比例不如3∶8的比例美；3∶4的比例不如3∶5的比例美。"● 按比例缩小或放大后组合形成的单元形促使其节奏和韵律美感的产生（图3-36）。

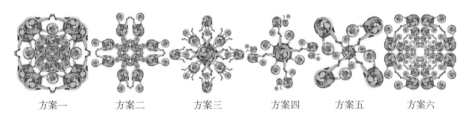

方案一　　　　方案二　　　　方案三　　　　方案四　　　　方案五　　　　方案六

图3-36　大小变化产生不同的单元形　刘惠鹏

（五）虚实

虚与实的辩证关系属于中国传统哲学思想，是东方美学思想的核心范畴。虚与实是一个相对的概念，二者相互依存，相互转化，虚实相生构成了视觉丰富的层次关系，留给人遐想的空间。基本形的虚实可以借助透明度的变化、空间留白等方式促使单元形变化形式更为丰富，含蓄与厚重并存，空间感与层次感即由此而生（图3-37）。

方案一　　　　方案二　　　　方案三　　　　方案四　　　　方案五　　　　方案六

图3-37　虚实变化产生不同的单元形　刘惠鹏

事实上，关于单元形组合变化的因素不止以上所列出的几种，自然界存在的多数自然规律都可应用于此。这些因素并非孤立的关系，介入的组合因素愈多，单元形的视觉语言越丰富，对设计者的要求也越高（图3-38~图3-40）。

---

❶ 欧文·琼斯.装饰的法则 [M].张心童,译.杭州:浙江人民美术出版社,2018:1-3.

图3-38　单元形组合变化（一）　宋媛瑞

图3-39　单元形组合变化（二）　杨慧娟

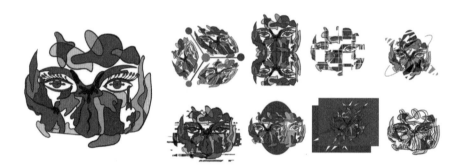

图3-40　单元形组合变化（三）　李彬若

法国图卢兹省的P.多米尼克·杜阿（P. Dominique Douat）修士在《制作无限多种中间用对角线分开的双色小方格图案的方法》一书中描述了基本形变换的方法，他以符表编码的方法（图3-41~图3-44）向人们展示图形变化的无限可能性，而这仅仅只是在无彩色和平面变换的基础上，若介入色彩和空间表达，则基本形也好，单元形也罢，其变换的层次安排、所呈现的丰富视觉语言更是难以形容的。

图3-41说明了构图的方法及其标示符号，转动由对角线划分成两半的双色正方形便能产生四种不同的图形，分别用字母ABCD来标示。两个这种正方形的不同组合能产生出16种可能的图形，图3-42上的符号是对这些组合方式的解释，三个正方形组合在一起能出现64种图形，四个正方形组合起来有256种图形。四个一组所产生的全部图形需要四幅图表，这里只复制了最后一幅（图3-43、图3-44），取其中的任何一组作为进一步组合的单位，我们可以获得256~65536种图形，以此类推，组合的结果是无限的❶。

---

❶ E. H.贡布里希.秩序感——装饰艺术的心理学研究 [M].杨思梁,徐一维,范景中,译.南宁:广西美术出版社,
　2015:79-80.

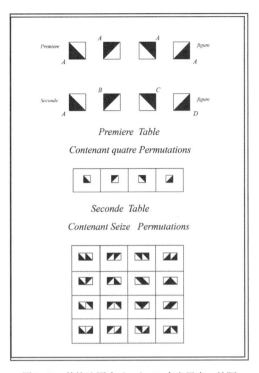

Premiere figure

Premiere Table

Contenant quatre Permutations

Seconde Table

Contenant Seize Permutations

图3-41 替换法图表（一） P. 多米尼克·杜阿

METHODE POUR FAIRE

DCDA	DAAA	DBAA	DBCB
DBDC	DBBB	DCAA	DCAC
DCDB	DCCC	DABB	DCBC
DABD	DAAB	DCBB	DABC
DBAD	DAAC	DACC	DCAB
DACD	DBBA	DBCC	DCBA
DCAD	DBBC	DABA	DBAC
DBCD	DCCA	DACA	DACB
DCBD	DCCB	DBAB	DBCA

XII, OBSERVATION.

Les carreaux A, B, C, D, pris un a un, deux a deux, rrois a rrois, quatre a quatre, & repetez, recoivent en tout rrois cens quarante permutations; ce qui eft demontre. Nous reprefenterons ces 340 permutations en quatre Tables, avec des carreaux figurez, & awcc des lettres.

PREMIERE TABLE

Contenant quatre permutations. Voyez la premiere Planche.

A	B	C	D
1	2	3	4

SECONDE TABLE

Contenant feize permutations. Voyez la premiere Planche.

A A	B B	C C	D D
1	2	3	4
A B	B A	C A	D A
5	6	7	8
A C	B C	C B	D B
9	10	11	12
A D	B D	C D	D C
13	14	15	16

TROISIE'ME

图3-42 替换法图表（二） P. 多米尼克·杜阿

CONTINUATION DE LA TABLE
de 256 Permutations

193	DDDD	209	DAAD	225	DBAD	241	DABB
194	DDDA	210	DBBD	226	DACD	242	DCBB
195	DDDB	211	DCCD	227	DCAD	243	DACC
196	DDDC	212	DDAB	228	DBCD	244	DBCC
197	DDAD	213	DDBA	229	DCBD	245	DABA
198	DDBD	214	DDBC	230	DAAA	246	DACA
199	DDCD	215	DDCB	231	DBBB	247	DBAB
200	DADD	216	DDAC	232	DCCC	248	DBCB
201	DBDD	217	DDCA	233	DAAB	249	DCAC
202	DCDD	218	DADB	234	DAAC	250	DCBC
203	DDAA	219	DBDA	235	DBBA	251	DABC
204	DDBB	220	DADC	236	DBBC	252	DCAB
205	DDCC	221	DCDA	237	DCCA	253	DCBA
206	DADA	222	DBDC	238	DCCB	254	DBAC
207	DBDB	223	DCDB	239	DBAA	255	DACB
208	DCDC	224	DABD	240	DCAA	256	DBCA

图3-43 替换法图表（三） P. 多米尼克·杜阿

Continuation de la Table
de 256 Permutations

193		209		225		241	
194		210		226		242	
195		211		227		243	
196		212		228		244	
197		213		229		245	
198		214		230		246	
199		215		231		247	
200		216		232		248	
201		217		233		249	
202		218		234		250	
203		219		235		251	
204		220		236		252	
205		221		237		253	
206		222		238		254	
207		223		239		255	
208		224		240		256	

图3-44 替换法图表（四） P. 多米尼克·杜阿

第三节　纺织品纹样重复设计

作为一种有节奏的实用艺术形式，在一定的规格范围内将纺织品纹样按构思意图把基本形或单元形根据疏密关系、形式美感进行有序地编排、组合、安置、布局，使其呈现出秩序感，就是纺织品纹样的重复设计。究其本源，在于"人类的视觉习惯促使其对秩序感产生追求，当人在观察事物时，会自动总结归纳有规律的东西，或者发现规律、寻找规律"[1]。而纹样中规律秩序的建立必须由数理关系控制基本形或单元形的位置，方能形成统一、秩序的美，利用数理关系将简单的元素规律化、系统化重复排列，"纹样中数的运用，要服从多样统一这一形式美的总规律，也要从纹样的具体的目的任务出发，要因地制宜"[2]。纹样重复的规律和法则所呈现出的"秩序美"能够满足人们对"美"的渴望，获得一种心理上的享受。同时，纺织品纹样设计作为以面料载体的产品设计，面料的计量性质决定了纺织品纹样设计离不开基本形或单元形的重复，且重复是在符合美之规律前提下所呈现的无限循环模式。因此，即便是最简单的元素也能变化出各种多义且令人惊叹的丰富排列组合，数学家安德烈·施派泽（Andreas Speiser）认为"任何一种图形及其方法都可用各种不同的排列组合形式与别的图形及其方法组成无数的图案"[3]。这种循环往复的周期性排列组合亦呈现出动态美感（图3-45）。

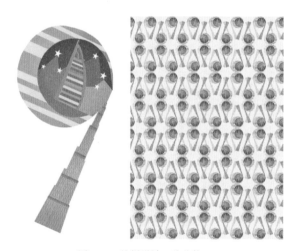

图3-45　纹样设计　孙艺伟

与设计基础中的重复构成不同的是纺织品纹样的重复更为复杂、层次更为丰富，"有些图案制作的形式把结构和装饰结合得更紧密，因为在这些图案制作中建托靠和添加装饰恰好是彼此一致的"[4]纺织品纹样的构成形式具有实用特点，大体可分为线性重复纹样、面性重复纹样，线性重复纹样以线状形态呈现，而面性重复纹样则以面状形态无限延展。

❶ 江蓝.论图案的秩序性与组织自由度的关系 [J].美与时代（上）,2020(11):28-30.
❷ 雷圭元.雷圭元图案艺术论 [M].杨成寅,林文霞,整理.上海:上海文化出版社,2016:28.
❸ E.H.贡布里希.秩序感——装饰艺术的心理学研究 [M].杨思梁,徐一维,范景中,译.南宁:广西美术出版社,2015:77.
❹ 同❸75.

一、线性重复纹样

线性重复是图形连续重复的一种结构形式，又称二方连续、带状纹样、花边。线性重复纹样通常指基本形或单元形沿上下、左右方向反复连续排列所形成的纹样形式，陈之佛先生将纵向上下连续的设计形式称为纵式二方连续，横向左右连续的设计形式称为横式二方连续（图3-46）。构成线性重复的形与形之间的结构关系，以隐性或显性的方式，呈直线、曲线、折线、交叉线、平行线等线状形式进行连接，通过对称、对比、比例、调和等手法产生富有节奏与韵律感的优美线性纹样。

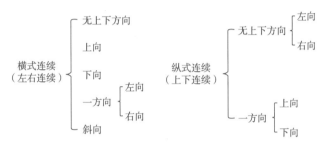

图3-46　线性重复纵横式运用变化　陈之佛

线性重复纹样适用于需要表达界定、边框和连接的设计理念，从古至今其程式化的结构形式在人们的日常生活中广泛应用。清代女性服装的缘饰艺术便是二方连续纹样典型代表之一，"清代女性服装将缘饰艺术发展至顶峰，形成了以如意云纹、花式绦子边、极尽精致的镶滚工艺等为代表的程式化符号，具有一定的装饰性、功能性、社会属性，奠定了后人对于清代女性服装认知的基本框架"[1]（图3-47）。在现代日常生活中，从地毯、丝巾的边框设计到服饰品、毛巾、浴帘、桌布、床旗等产品的边饰设计，再到丝带、蕾丝花边等产品设计，往往都会应用到线性重复纹样。线性重复纹样作为辅助性装饰方式，在衣摆边缘、毛巾边缘等处以刺绣、织锦等装饰工艺呈现出丰富的审美韵味与文化内涵，使人阅之舒心（图3-48）。

通常线性重复纹样由于受

图3-47　清代女性服饰的缘饰

❶ 王巧,宋柳叶,李正.清代女性服装的缘饰艺术探究[J].丝绸,2020,57(5):96-101.

图3-48　家居用品中的线性重复

到排列的方向、距离、层次、交织等因素的影响，按照排列的线性特点分为直线式、折线式、波浪式三类基本样式。这些线性或显性呈现或隐性作用于纹样构成中。这三类或繁或简的基本样式相互叠加，"每类都可能被填满多种辅助性装饰，而具有其他种类特征的元素也可能出现其中，如直线式带饰装饰着波浪状线条、呈锯齿状的波浪条纹等"❶，最终形成视觉语言丰富的综合式线性纹样。德国艺术家佛朗茨·塞尔斯·迈耶（Franz Sayles Maier）在其《世界古典纹案设计集成》一书中将线性重复的结构分为直线式、弧线式和综合式三类样式❷（图3-49~图3-51），这些划分方式基本无大差别。需要注意的是，初学者在进行线性重复纹样练习时应先构思所采用的线性组合，随后将基本形有序植入，由简单到复杂逐级丰富、叠加设计元素，从而构造纹样的无限循环。

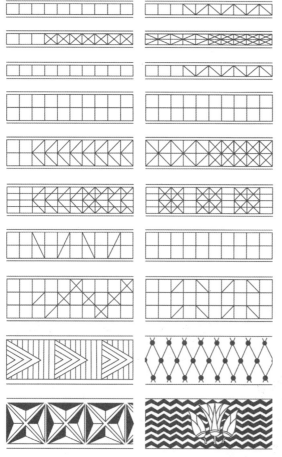

图3-49　直线式　弗朗茨·塞尔斯·迈耶

（一）直线式

直线式线性重复纹样即基本形或单元形沿着上下或左右方向，间隔距离相等地重复排列，无限延展，也称散点式（图3-52）。这种排列形式平

---

❶ 阿奇博尔德·H.克里斯蒂.图案设计——形式装饰研究导论[M].毕斐,殷凌云,译.长沙:湖南科学技术出版社,2006:107.

❷ 弗朗茨·塞尔斯·迈耶.世界古典纹案设计集成[M].刘艳红,徐培文,等,译.沈阳:辽宁科学技术出版社,2014:6-8.

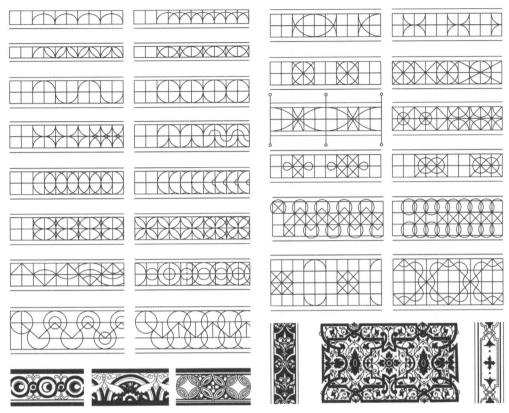

图3-50 弧线式 弗朗茨·塞尔斯·迈耶

图3-51 综合式 弗朗茨·塞尔斯·迈耶

静、安定有余但动态美感不足。因此在排列时如果介入层次、方向、大小、数量、色彩等关系再加上疏密、虚实等处理方法，则可形成自然生动、自由灵活的视觉变化效果。

（二）折线式

折线式线性重复纹样又称锯齿状、之字形重复，其原理与波形式相近，即原形（基本形或单元形）沿着左右（上下）方向排列时按照原形与镜像旋

图3-52 直线式线性重复 闪硕

转的原形节奏，有序地进行上下（左右）错位的间隔排列，形与形之间呈折线状，转折作连接，所形成的各种转折角度明显，刚劲有力，跳动活泼（图3-53）。"极度弯曲的之字形线条或带饰是一种最有趣的元素……连续的锯齿状图案往往装饰繁复，用于直线式带饰的许多

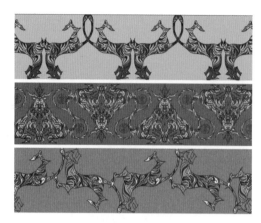

图3-53　折线式线性重复　闪硕

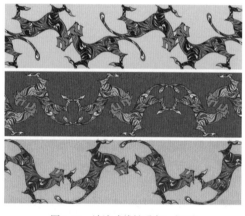

图3-54　波浪式线性重复　闪硕

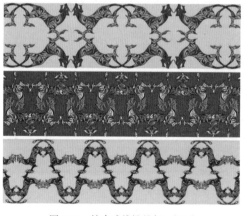

图3-55　综合式线性重复　闪硕

装饰方法同样适用于之字形条纹装饰。"[1]折线式线性重复在一些具有几何元素的民族风格纹样中较为常见，无论是北非摩洛哥还是南美印第安均可见这类形式的线性纹样。

（三）波浪式

波浪式线性重复纹样以波线作为基线，基本形或单元形沿着左右（上下）方向排列时有序地进行上下（左右）错位间隔，根据空隙位置添加其他辅助图形填补点缀，形成如波浪般起伏的有序反复绵延形式（图3-54）。吴山先生在《中国纹样全集》中所谈及的接圆式，事实上也是波浪式的一种变体。波浪的起伏根据左右间隔和上下错位的距离变化，呈现或柔和或激荡的不同势态，随之形成跳跃、律动的节奏美感与高低错落丰富层次。波浪式基线并非只有一条，根据设计需要可增加数量，如同向或反向，相交或平行推进，形与形之间应相互协调，共同构成纹样整体统一的秩序感。需要注意的是，应巧用、妙用波浪式线性重复，如将自然界的藤蔓茎芽与波浪式基线巧妙融合在一起，形成S形、螺旋形蜿蜒生长之势。

（四）综合式

综合式线性重复纹样即将直线式、折线式、波浪式三种基本样式，通过交织、平行、重叠等方法相互组合产生的相对复杂化的线性重复纹样（图3-55），这类纹样可聚集、可分散，可交叉、可循环，形与形之间

---

[1] 阿奇博尔德·H.克里斯蒂.图案设计——形式装饰研究导论[M].毕斐,殷凌云,译.长沙:湖南科学技术出版社,2006:143.

的关系复杂，无论是表现对比、均衡、比例、韵律等动态美抑或是表现统一、对称、安定等静态美，动静有序结合，形成和谐的视觉效果是综合式线性重复纹样设计需要考虑的焦点。

线性重复纹样构成的基础为线，明线作为纹样组织要素需清晰明了地呈现，暗线则以含蓄隐藏的方式导引形与形的排列走向，线性重复纹样的魅力在于线自身的性格呈现，直线的刚劲有力，折线的干脆利落，曲线的优美动感等皆可以带给人们不同的视觉感受。丰富的人文内涵、鲜活生动的造型、多样绚丽的色彩与律动活泼的线性运动轨迹相互作用，形成不同时期、不同民族、不同文化不同特色的线性重复纹样（图3-56~图3-59）。

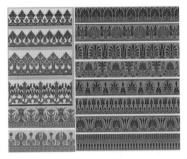

图3-56　直线式线性重复纹样

图3-57　折线式线性重复纹样

图3-58　波浪式线性重复纹样

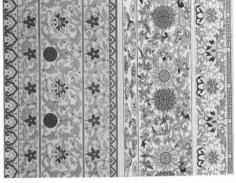

图3-59　综合式线性重复纹样

二、面性重复纹样

面性重复是图形同时向上、下、左、右四个方向连续重复的一种结构形式，形成"面"的视觉感受，又称四方连续（图3-60）。这种纹样可以无限延展，"从任意角度看都没有明显的边界，通常是通过旋转元素来进行多角度设计而得到的"❶。如果说纺织品纹样始于基本形（单元形）的感性塑造，是音符，那么其重复所形成的秩序则属于理性的构建，使其如同

❶ 亚力克斯·罗素.纺织品印花图案设计［M］.程悦杰,高琪,译.北京:中国纺织出版社,2015:70.

华美的乐章一般渐强渐弱地铺陈开来（图3-61）。

面性重复纹样变化生动，具有强烈的视觉感染力和分量感。形的数量、大小、角度、色彩、空间、疏密、虚实等组合因素的变化使纹样呈现出自然生动的视觉面貌，形与形之间，形与骨格之间充分运用对比、均衡、节奏、韵律、比例等形式美的法则自由设计组织布局，使之产生自由灵活且严谨有序的组织结构，形成整体统一的装饰风格，产生静中有动，齐中有变，曲折回绕，绵延不绝的艺术效果，面性重复纹样是纺织品纹样中使用最广泛、变化最多样的组织形式。通常，面性重复纹样在基本形（单元形）确定的情况下由骨格设计、骨格填充共同组成。一般而言，先展开骨格设计而后进行骨格填充，但对于显性骨格来说，骨格可以直接作为构成纺织品画面的纹样呈现，将交叉缠绕、聚散有序的线材大量密集地使用，使其自身可以形成丰富的纹样语言。

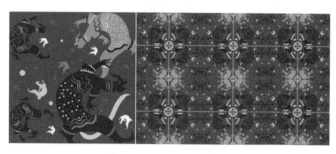

图3-60　面性重复　李艳冉

图3-61　基本形面性重复　李佳锐

图3-62　楚和听香服装面料

面性重复纹样广泛应用于面料、家居用品、壁布、服饰品、文创产品设计等领域，赋予产品形式美和秩序美。设计优美的纹样在一定情况下是吸引消费者购买因素之一，如国内设计品牌楚和听香的服装面料采用传统宝相花纹、水纹等纹样糅合当代审美视角进行创新表达，传递新中式生活美学（图3-62）。需要注意的是，面性重复纹样出于节约成本的原因，通常采用任意角度皆可印花且适用的排列方法，这样消费者在进行裁切排版的时候无须考虑面料纹样的方向问题，在一定程度上避免了废料的产生。

（一）骨格设计

骨格作为支撑面性重复纹样的骨架或框架，目的在于辅助基本形（单元形）展开秩序化重复排列。构成骨格的线与线，在交叉过程中形成不同形状的空间，这些潜在的空间亦给出了基本形（单元形）所在的位置，据此针对基本形（单元形）进行并置、错位、镜像、颠倒、叠加等变化后重复排列，从而形成有规律、有秩序的画面。

骨格的构建与严谨的数理关系密切，雷圭元先生曾指出："图案的规矩中包含着客观规律和人的主观创造，包含着情与理。其中的'理'就包含着'数'……九宫格、米字格是中国图案的骨格，有了它们，图案可以变化万千，但万变不离其宗，纹样的位置必须由数字来控制，有时候，数是绝对的，不能任意在数上增减，否则就无统一、秩序的美。"❶ 宋代代表性纹样"八达晕"（图3–63）以"水平、垂直以及45度斜向的线条向八方延伸辐射，构成'米'字形骨架，将单位纹样空间划分为八个部分，线条的相交处套以方形、圆形或多边形框架，再在框架内，以及被骨架划分出来的各部分空间中填饰各种小几何纹或小折枝花纹。如此多个单位纹样相互连接、重复循环，即形成繁密复杂的大型几何花纹"❷。因此，了解和掌握一些基本的数理知识有助于井然有序地进行纹样骨格设计，在理性与感性相辅相成中筑造纺织品纹样的美之华章。

图3–63 "八达晕"纹样

骨格支配着形的排列方法，决定形与形之间的距离与空间，同时也决定着整个纹样视觉形态的走向（图3–64、图3–65）。骨格的疏密结构决定面料纹样的疏密变化，基本形也随之呈现大小变化，骨格组织结构越密，基本形原有的细节越难以呈现，反之，骨格组织结构越疏，基本形的细节特点则越清晰。因而，设计者在展开设计时应预先考虑纹样设计表达的要点，根据突出强调的要点设计骨格，既不能忽略基本形的特点去强调骨格的结构设计，也不能为了突出基本形而忽略骨格的组织结构（图3–66、图3–67）。

骨格以隐性或显性的方式导引基本形（单元形）填充的位置，两种方式功能一致，结构相同或相似，目的在于指定基本形（单元形）在画面中的位置，使其能够有序地铺满画面，这是骨格最基本也是最核心的目的，设计者在骨格定位之后可以进一步展开形的变化处理，

❶ 雷圭元.雷圭元图案艺术论 [M].杨成寅,林文霞,整理.上海:上海文化出版社,2016:25-27.
❷ 刘远洋.中国古代织绣纹样 [M].上海:学林出版社,2016:138.

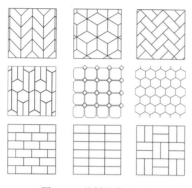

图3-64 纹样骨格（一）

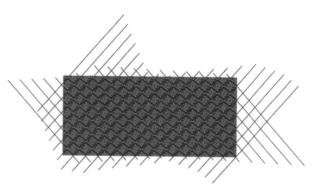

图3-65 纹样骨格（二） 汤欣月

图3-66 骨格与纹样（一） NYPL数字藏品

图3-67 骨格与纹样（二） NYPL数字藏品

使其在植入骨格所塑造的空间位置时，具有更加丰富的层次。以"田字格"为例，同样的骨格结构，基本形颠倒、镜像、旋转等变化都会引起画面的视觉语言变化。

1. 隐性骨格

隐性骨格以隐形的方式定义纹样的组织结构，骨格线之间生成不同形状的空间，这些空间的边界是不可见的，空间根据设计完成的基本形（单元形）填充所界定，像细胞一样相互依存，保罗·杰克森在《图案设计学》一书中将其称为细胞格。"大多数细胞格都是简单的多边形，彼此之间没有空隙，他们限制了元素、图案或衍生图案的延伸区域，或是界定一组对称原则发展范围"。❶

　　隐性骨格生成的空间形状和尺寸决定纹样重复的疏密程度，甚至重复方式。骨格的线形决定了空间造型的形状，直线结构的隐性骨格比较稳定，生成有形或无形的三角形、四方形、菱形、长方形、平行四边形等几何形平面空间；曲线形式的隐性骨格生成的空间则灵动、趣味。隐性骨格线也可以作为设计元素融合进基本形的设计中，当然，这需要设计者在展开基本形设计的初始阶段就把后期重复形式进行预设构思，对设计者而言，需要具有较强的组织能力和造型能力（图3-68~图3-72）。例如，威廉·莫里斯在其纹样作品中常以连续性的枝干作为架构，这些支撑散开花朵的枝干相互缠绕蔓延生长的同时，以隐性的骨格方式将花纹铺陈开来。中国传统的缠枝花卉纹样亦是通过花卉的蔓、茎、枝、叶等S形线条缠绕主花，形成相互连接的组织形式。

 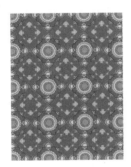  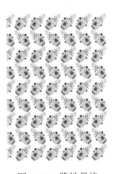

图3-68　隐性骨格纹样（一）杨帆　　图3-69　隐性骨格纹样（二）段玥玥　　图3-70　隐性骨格纹样（三）杨杰　　图3-71　隐性骨格纹样（四）马婉莹

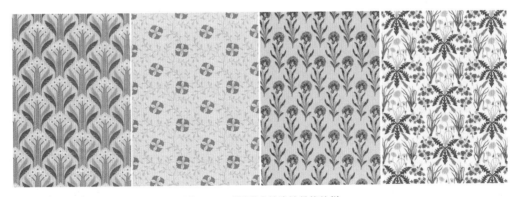

图3-72　不同形式的隐性骨格纹样

❶ 保罗·杰克森.图案设计学 [M].杜蕴慧,译.台北:积木文化,2020:14.

2. 显性骨格

显性骨格，顾名思义，构成骨格的骨格线是可见的，骨格线之间生成不同形状的空间边界也是清晰可见的。显性骨格的骨格线，一方面与植入其生成空间的基本形（单元形）共同作用构建纹样的画面，另一方面骨格线自身可以独立作为纹样形式。如宋代《营造法式》中谈及"琐文"，言之"琐文有六品：一是琐子(联环琐、玛瑙琐、叠环等)；二是簟文(金铤、文银铤、方环等)；三是罗地龟文；四是四出；五是剑环；六是曲水"[1]。这些琐文、簟文、龟文等皆以几何性的骨格结构穿插交织而成，并于空隙处填补以小型花卉以做点缀（图3-73~图3-76）。

图3-73 显性骨格
纹样（一）肖晗
　图3-74 显性骨格
纹样（二）王梓欣
　图3-75 显性骨格
纹样（三）张瑜
　图3-76 显性骨格
纹样（四）汤欣月

"作为技术文明的产物，人们已经习惯了人造环境中的直线和几何图形"[2]，因而设计者在展开显性骨格设计的时候，可采用逆向思维的方式，将原本抽象的几何性质的线材转为具象的、物化的线材，将曲线转化为绳索、飘带、链条等，如爱马仕在其丝巾设计中，既有将马鞍革带穿插交织构成的设计，也有将包装捆扎丝带作为其表达要素的设计；或将直线转化为竹竿、铅笔、电线杆等，如将竹竿相交形成窗格的概念。骨格线在此刻转化为纹样构成的表现要素，或填充基本形或直接运用表现在纺织品纹样中，纹样的表现语言亦随之更为丰富、生动（图3-77）。

图3-77 不同形式的显性骨格纹样

---

[1] 李诫.营造法式译解[M].王海燕,注译.武汉:华中科技大学出版社,2011:205.
[2] E.H.贡布里希.秩序感——装饰艺术的心理学研究[M].杨思梁,徐一维,范景中,译.南宁:广西美术出版社,2015:122.

（二）骨格填充

根据设计的骨格，将基本形（单元形）按照相应的规律填充进入画面，进而形成完整的图形设计方案。在此基础上，根据画面布局，适当调整。进行骨格填充时，造型不同的空间可以预留一定余量，在形与形之间形成留白。

1. 散点式

散点式骨格填充是将基本形（单元形）均衡排列分布在画面中，使纹样呈点状式分布，彼此之间没有明确关联。这种填充方式随着骨格的疏密变化而变化，整体呈现整齐均匀、条理有序的稳定状态（图3-78~图3-81）。"排列时通常会对单位纹样的大小、颜色、显花效果，以及纹样之间的相对位置等方面进行适当变化，在条理规则之外又显示出装饰的丰富性" [1]（图3-82）。

图3-78 散点式 骨格（一）马婉莹　　图3-79 散点式 骨格（二）汤欣月　　图3-80 散点式 骨格（三）李彬若　　图3-81 散点式 骨格（四）马博

图3-82 不同形式的散点式骨格纹样

2. 连缀式

连缀式骨格填充是将基本形（单元形）以显性骨格或隐性骨格的方式连接在一起，产生

---

❶ 刘远洋.中国古代织绣纹样[M].上海:学林出版社,2016:51.

连绵不绝、穿插有序的面性重复纹样。连缀式与骨格线的线性紧密关联，波状连缀根据曲线或折线的起承转合，构造出起伏连绵的连续性结构样式，这种连贯流畅的组织形式使纹样律动感强，富有韵律与节奏之美。菱形、方形几何状连缀属于显性骨格填充，其层次清晰，组织严密（图3-83~图3-87）。

图3-83 连缀式　　图3-84 连缀式　　图3-85 连缀式　　图3-86 连缀式
骨格（一）石爽　　骨格（二）汤欣月　　骨格（三）杨易儒　　骨格（四）闪硕

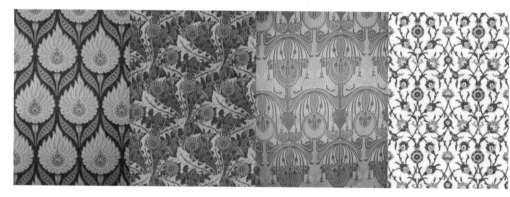

图3-87 不同形式的连缀式骨格纹样

3. 镶嵌式

镶嵌式骨格填充又称契合拼接法或铺砖法，这类填充方式骨格设计多采用直线结构的隐性骨格，将其生成三角形、正方形、六边形等几何形平面空间并进行平面分割。设计重点则基于几何平面空间进行基本形的造型，尤其是具象形的外轮廓线，在设计时需考虑重复排列时与其他镜像、旋转等基本形轮廓线上下左右连接处是否紧密契合，既无重叠也没有缝隙。最大范围地利用空间，使这些形既具有独特的形状特征和美学个性又构建出一种理性的秩序感和绵延美感。需要注意的是，具象形并非单一的物象，也可以由两种以上物象共同契合而成基本形（图3-88~图3-91）。M.C.埃舍尔的作品多采用这类镶嵌式骨格填充方法来构筑他极富创造力与想象力的世界，如"飞鸟与鱼"重复纹样，在连续飞鸟首尾翼相交生成的空间中，填充与之相契合的、鱼的造型，前只飞鸟的翅膀与后只飞鸟的鸟喙相接形成的线形轮廓边缘与鱼鳍相契合（图3-92）。后人深受埃舍尔的启发，在此基础上不断丰富这类创作形式，并融入色彩、图底关系使其更加丰富，纹样的整体视觉借助数理观念的渗透形成严谨精确和连续统一的特点。

 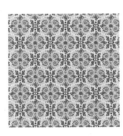  

图3-88　镶嵌式　　　　图3-89　镶嵌式　　　　图3-90　镶嵌式　　　　图3-91　镶嵌式
骨格（一）杨杰　　　骨格（二）张瑜　　　骨格（三）张瑜　　　骨格（四）孙艺伟

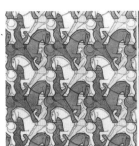  

图3-92　不同形式的镶嵌式骨格纹样　M.C.埃舍尔

4. 综合式

在进行骨格填充时，并不止单一骨格填充的方式，散点式、连缀式、镶嵌式几者相互叠加结合形成多层次结构，从而使纹样视觉语言更为丰富。正如陈之佛先生所言"模样是千变万化的，自一种的单用以至数种的复用，其数无穷"❶。设计师在进行构思时要统筹全局，注意"牵一发而动全身"，综合考量、合理安排画面里的每一个构成元素（图3-93~图3-97）。

图3-93　综合式　　　　图3-94　综合式　　　　图3-95　综合式　　　　图3-96　综合式
骨格（一）汤欣月　　　骨格（二）张瑜　　　骨格（三）马婉莹　　　骨格（四）杨易儒

❶ 陈之佛. 图案法 ABC 图案构成法 [M]. 南京:南京师范大学出版社,2020:16-17.

图3-97 不同形式的综合式骨格纹样

总体而言，纹样重复设计的组织形式丰富，方法多样。"我们一般会将那些优秀的重复图案称为舒适、均衡的设计。在你全面审视它时，不会看到孤立的元素或元素之间存在明显的缝隙。如果你需要花一段时间才能找到重复的单元，那么则说明这个图案设计得非常好" ❶。

设计者在进行重复练习时应注意以下几点：

①尽量避免过于单一的骨格结构，这种明显且单一的骨格结构在智能化的当下，是AI借助算法可以生成的。

②注意协调把握形与形之间的相互关系，在进行骨格设计时应充分考虑基本形的造型、色彩、空间等特点，如何促使形与形之间既各自独立又相互关联，如何将数理关系有机融合进骨格设计，如何通过巧妙安排元素的方法取消重复单位之间的界限等。

③注意展开重复设计时所面临的各种各样的限制因素，如形与骨格设计、骨格填充几者之间的系统性关系、纹样的风格定位与骨格设计的一致性等，这些限制因素是设计者在创造图形的无限层次时必须承认或需要克服的，也是需要其慎重思考的。

④由于计算机软件的介入，现代纹样设计很少会再采用手绘时期1∶1比例的绘图方式，因而在设计的过程中，需要不断地放大以发现骨格设计与填充中存在的瑕疵问题，如形与形之间是否严谨完美地对齐、线条是否流畅圆润、旋转的角度是否恰当等。

⑤面性重复纹样基本形或单元形的尺寸要注意面积不要过大，要有主有次，"通常以基本纹样上的任意点在延展或移动一段距离后，再次出现时经过的长度来测定。传统上，重复图案从底边到另一边的距离一般为5cm左右的距离，这一尺寸的来历追根溯源可能是在手绘模式时期，在很短的时间里需要大量地重复图案所形成的。" ❷

图案设计是一种深思熟虑的、有系统的行为，设计者依据一定的构思，按逻辑进行试验，在不断实践中试错，总结经验，发现结构规律特点，自身经验的多样性对于纹样整体效

---

❶ 亚力克斯·罗素.纺织品印花图案设计[M].程悦杰,高琪,译.北京:中国纺织出版社,2015:71-72.
❷ 同❶.

果呈现有较大影响。设计者可以借助案例分析，训练自己的日常观察力，看到优秀的纹样设计案例，尽量根据前后出现的已知图形，重复信息推演、分析其基本形、单元形、骨格结构等各个要素。思考如何展开设计，实现纹样的穿插连续、如何做到疏密有致，虚实相生，层次丰富，繁简得当等问题。同时注意想要发现纹样中导向性的骨格，便要与之拉开一定的距离，如果缺少距离，纷繁复杂的纹样骨格很容易被蒙蔽，很难意识到图形、骨格，以及它们之间的秩序关系。"事实上，无论是谁，只要能坚持每周研习一项高水平的设计作品，即便是自己还不能设计出优秀的作品，至少也已具备评判一项设计好坏与否的能力。"❶日积月累的信息与经验将成为设计者重复性、秩序性构思的源泉。

第四节 纺织品纹样的布局

一、"图"与"底"的关系

图形与基底的关系作为视知觉领域基础概念之一，"在心理学的视觉表述方式中，人类视知觉的对象是图，四周的环境为底"❷，在感知时，"主要靠边界、面积、肌理、明度等几个方面的特征区分'图'与'底'"❸。纺织品纹样设计在构建秩序感的同时，也形成"图"与"底"的视觉空间。通常，视觉主体对象（重复的基本形）占据了纺织品中"图"的视觉空间，而周围剩余的部分则构筑了"底"的视觉空间，简而言之，视觉注意力聚焦部分为图，忽略部分为底（图3-98）。行业内通常把纹样中所描绘的各种图形称为"花"，而把不描绘的空白背景称为"地"。纺织品纹样是由"图"与"底"两部分视觉空间共同组成的，二者相互依存，要辨认其中的一方必然要依赖于另一方的存在，要使人感到"图"的存在，就必然要用"底"将它衬托出来（图3-99、图3-100）。

在纺织品纹样设计中，"图"

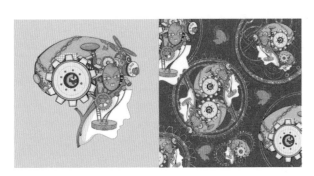

图3-98 图与底（一）方莘怡

❶ 太刀川瑛弼.设计与革新[M].武汉:华中科技大学出版社,2019:11.
❷ 王乔波.图与底在形象中的审美和创意表述研究[D].哈尔滨:哈尔滨理工大学,2020.
❸ 同❷.

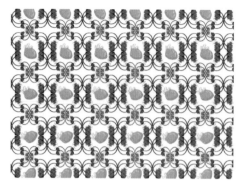

图3-99 图与底（二） 肖晗

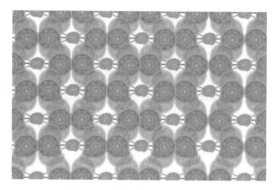

图3-100 图与底（三） 王莹玥

与"底"的关系是指平面图案空间层次的组织关系。"图"富含文化意蕴与审美特性，作为纺织品纹样的主体具有前进感，在视觉上最先吸引观众注意力，给人以醒目的视觉感受，主要负责传递设计者的设计思想与情感，或简洁或鲜明，或具象或抽象的"图"的形象在很大程度上决定了纺织品纹样的整体调性。而"底"则起辅助陪衬作用，与"图"相比，给人一种后退的消失感和恰到好处的边界感，它是依赖"图"而存在的，"虽然图在形象中的作用非常重要，但仍离不开底，底像建筑中的地基一样，没有底就没有图，图的鲜明离不开底的衬托"❶。如果"底"的部分处理不好，则无法使"图"的形象达到理想效果。需要注意的是，"底"并非以固化概念中的纯色形式出现，根据设计的需要，"底"也可以以淡彩、密度较高的纹样等方式进行呈现（图3-101~图3-103）。

图3-101 图与底（四） 汤欣月

图3-102 图与底（五） 汤欣月

图3-103 图与底（六） 汤欣月

"图"因"底"的存在而呈现其内容特征，"底"则因"图"而生，在进行纺织品纹样设计时，"图"与"底"的形态均要考虑，同时，要认真研究"图"与"底"的关系。"图"与"底"主次分明，但二者并非绝对对立的关系，在重复过程中形与形交织在一起，尤其是在一些运用水彩技法表现的纹样设计中，二者的边界被打破（图3-104~图3-106）。而在一些

---

❶ 王乔波.图与底在形象中的审美和创意表述研究[D].哈尔滨:哈尔滨理工大学,2020.

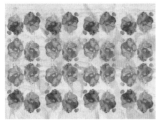

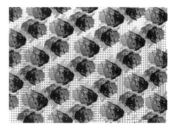

图3-104　图与底（七）郭昇权　　　图3-105　图与底（八）郭昇权　　　图3-106　图与底（九）张馨贝

设计中"图"与"底"相互嵌合，作为正形的"图"和负形的"底"在视觉形象上可以相互转换（图3-107）。纺织品纹样中"图与底关系是虚实相生、相互依存且具有双关性，作为一个整体，彼此都不能脱离对方而单独存在，需要符合矛盾中二者互为存在的条件"[1]。实为"图"，虚为"底"，"从实体形象看，形态的饱满、轮廓的起伏、位置的错落、面积的大小、景物的穿插等都有赖于基底部分的合理安排，基底形象的大小、聚散、疏密以及位置、形状的差异，反映着实体形象的丰富变化。"[2]"图"和"底"二者互相衬托、互相关联，形成动中有静、静中有动，相映成趣的视觉效果（图3-108~图3-111）。

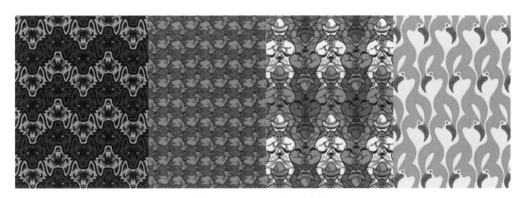

图3-107　图与底嵌和转换

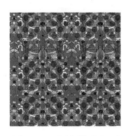

图3-108　图底关系（一）　　图3-109　图底关系（二）　　图3-110　图底关系（三）　　图3-111　图底关系（四）
　　　　刘文博　　　　　　　　　李彬若　　　　　　　　　官京琪　　　　　　　　　葛子帆

---

[1] 王乔波. 图与底在形象中的审美和创意表述研究 [D]. 哈尔滨:哈尔滨理工大学,2020.

[2] 杨建军. 纺织图案的布局 [J]. 纺织服装周刊,2006(28):29.

二、"图"与"底"的布局

纺织品纹样的布局,主要根据"图"与"底"要素各自占据平面空间的视觉分量程度,以及比例状态进行判定,是纺织品纹样设计展开整体构图时不可或缺的先导因素,在整个设计环节中起着极为重要的决定作用。布局通过巧妙处理构成纹样各个形象要素之间的关系,决定着纹样整体效果的优劣,以及是否最大限度呈现纹样的形式美法则。基本形(单元形)的风格、缩放比例、表现技法、色彩关系,以及骨格设计的疏密等因素,都在不同程度上决定了纺织品纹样"图"与"底"的布局是否合理得当。"底"通常由一定的设计规格所决定,"底"的尺寸如面料的幅宽对"图"的布局有一定制约作用。一般而言,根据"图"与"底"的比重,可分为三类。

(一)清底布局

基本形占据整体视觉空间的比例较小,"底"的面积大于"图"的面积,留有较多的空白。"图"大约占平面空间三分之一以下,"图"与"底"关系明确,"底"的色彩或肌理清晰。这类纹样主次分明,视觉重心突出,纹样骨格结构简洁明了,虽看似简单,但疏而不散、"图"清"底"明,整体布局表现出轻盈明快的特色。清底布局要求"图"繁"底"简,基本形(单元形)主题立意独特、构思新奇、图像饱满、细节突出,如花卉主题强调形的姿态优美、造型完整、花叶相映、穿插自如、自然得体,而趣味化、卡通化、拟人化的基本形也因其形的特色鲜明适合清底布局,整体视觉感受给人以轻松、自在的氛围。为避免清底布局的画面大而空,也可在基本形轮廓内添加不同层次的点与线、抽象与具象的符号、不同的视觉肌理等来充实画面,使视觉语言更为丰富(图3-112~图3-116)。

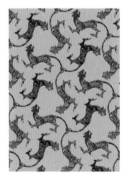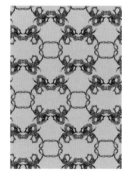

图3-112 清底纹样(一)　　图3-113 清底纹样(二)　　图3-114 清底纹样(三)　　图3-115 清底纹样(四)
汤欣月　　　　　　　　　　闪硕　　　　　　　　　　马婉莹　　　　　　　　　　闪硕

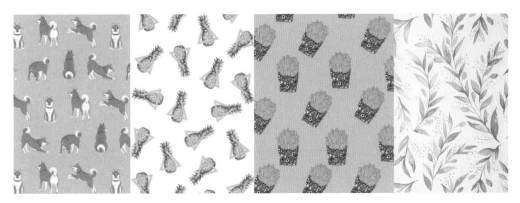

图3-116 不同形式的清底纹样

（二）满底布局

满底布局的"图"占据画面空间的大部分，特点是"图"多"底"少，甚至会有"图"覆盖"底"，使其底色不明显，甚至不确切存在的情况，形成"图"与"底"交融的空间效果。满底布局讲究"图"繁"底"略的艺术效果，以形态丰富多样独特的"图"的秩序构建与重复铺满画面为主，强调基本形（单元形）与骨格的设计相互交融。整体设计变化多样，从基本形的造型、色彩、肌理到骨格的疏密、虚实有序，以及画面不同层次语言的设计表达，最终呈现出多种风格、多种类型的布局效果。这类布局比较考验设计者的综合设计能力，要求布局完整、造型独特、色调统一、结构严谨地将各个多变的构成元素配置合理且统一有序，促使画面层次分明、形态错落、动静相映，从而达到安定和谐、气韵生动的艺术效果（图3-117~图3-121）。

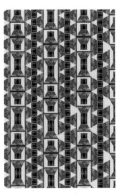
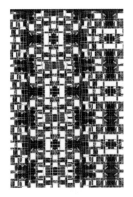
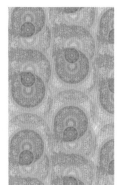

图3-117 满底纹样（一） 杨杰　　图3-118 满底纹样（二） 杨杰　　图3-119 满底纹样（三） 李彬若　　图3-120 满底纹样（四） 王玥莹

图3-121 不同形式的满底纹样

（三）混底布局

　　混底布局的"图""底"各自占据画面空间的一半，面积比例相当，排列均衡有致。这类布局虽然"底"清晰可见，但总体效果仍以"图"为主，"图"与"底"的关系比较明确。在保持"图"的表达多样性时，"底"也可采用对比度不高的暗纹，使画面语言虚实均衡，层次丰富。需要注意的是，在这种情况下，"图"与"底"的关系可以相互转换，如果"底"的视觉注意力强，"图"的视觉注意力弱，则"底"反而有可能被视为"图"。"图"与"底"反转的情况，在镶嵌式骨格填充中比较常见，当图形铺满画面，若留出的"底"具有视觉形象，则"底"易被视为"图"，而那些充满画面的"图"则可能被看成"底"。由此可见，就空间视觉关系而言，"图"有时可能成为"底"，"底"亦有可能成为"图"。"图"与"底"的概念随着空间移位和视觉重心转变而反转，这亦使平面纹样的空间层次与空间感呈现丰富且复杂的视觉关系。事实上，平面构成中所讲的正负形也是同样的原理（图3-122~图3-126）。

图3-122 混底纹样（一） 汤欣月　　图3-123 混底纹样（二） 汤欣月　　图3-124 混底纹样（三） 王梓欣　　图3-125 混底纹样（四） 王梓欣

图3-126　不同形式的混底纹样

三、"图"与"底"的空间关系

纺织品纹样设计中"图"与"底"的空间关系，根据构成其视觉要素所呈现的空间层次不同，可分为单一性空间关系与多层次空间关系两类，或根据画面呈现的维度，可分为平面性空间与立体性空间，或根据视觉感受可分为矛盾空间与稳定空间。这些划分标准并非割裂的，单一性空间关系既可以表现为平面性空间，也可以表现为立体性空间，对构成纹样主体的"图"的形态起到决定性作用。

（一）单一性空间关系

构成纺织品纹样"图"的信息均在画面的同一平面上，"图"被抽象、简化为二维的、平面的方式呈现，"图"与"底"对比清晰且各自有明确的边界，呈现单一性空间层次关系，被认为是平面性构成形式。在这类纹样空间组织中，"图"与"底"均为二维平面形式，但二者实际上不在同一平面上，存在客观上"图"与"底"的层次关系。"图"占据"底"的平面空间，形成纹样画面的分割、聚散等变化，"图"与"底"各自空间意识明确，二者互为依存，既对立又统一，单色的"图"在一定条件下可以与"底"互相转换（图3-127~图3-130）。

单一性空间纹样组织构成中，"图"的聚散离合决定其占据"底"的面积比例，换言之，"图"间隔距离、位置方向、旋转角度等变量，决定画面疏、密的整体走向，使纹样的组织、构图、排列产生变化，形成张弛有度的平面性纹样空间状态，促使观者的视觉随之产生方向、角度、动静等变化。纹样呈现节奏、韵律等势态不同的空间视觉效果。从古至今，从东方到西方，这种平面性空间组织形式案例在纺织品纹样中不胜枚举。芬兰纺织品品牌玛丽梅

图3-127　单一性　　　　图3-128　单一性　　　　图3-129　单一性　　　　图3-130　单一性
空间（一）王浩龙　　　　空间（二）刘睿思　　　　空间（三）　程相格　　　　空间（四）张瑜

克（Marimekko）的标志性设计——罂粟印花（Unikko），以明亮的色彩与概括简化的图案
（图3-131）形成简洁鲜明、雅拙有力的画面，玛丽梅克使其"开"遍全球，并不断探索新
的表现形式以满足年轻的受众群体。许多中国传统的织、绣、染纹样多采用单一性空间组织
形式，如湖北楚墓出土的战国菱格凤鸟纹绣残片、新疆吐鲁番出土的唐代联珠对鸡纹锦等。

图3-131　玛丽梅克罂粟印花的图底关系

　　需要注意的是，单一性空间关系中的"图"多以具象化或抽象化的具体物象形式为主，其
表现形式自由，人物、花鸟、风景等前景、后景均安置在同一画面中，"图"的各种形象皆为扁
平且无厚度，甚至与视觉距离也完全相同，没有前后、远近，也没有立体、深度（图3-132）。
雷圭元先生将其称为"平视体构图"，提出这类"图"的设计，须服从以下规律："神态生动，
笔墨板刻，黑影平铺，轮廓清晰，一律平看，不画顶侧，板中求神，刻中求活。"❶而以点、
线、面几何元素为主的"图"与"底"，则随着其形态走势、间隔变化、色彩肌理等变量因
素使单一的平面性空间转变为多维的幻觉性空间，如欧普风格纹样形式。

❶ 雷圭元.雷圭元图案艺术论 [M].杨成寅，林文霞，整理.上海:上海文化出版社,2016:51.

图3-132 不同形式的单一性空间关系纹样

总体而言，单一空间关系的纺织品纹样"图""底"关系清晰、组织纯粹、主次鲜明、画面干脆利落、简洁且统一，是清底纺织品纹样设计中常用的空间组织形式。

（二）多层次空间关系

纺织品纹样中多层次空间关系因"图"或"底"自身的空间化表达，以及"图""底"叠加等方面因素的影响而具有立体、深度、层次等视觉效果，促使观者对客观物质的空间视觉产生生理、心理经验的联想，对画面产生空间性感受，使纹样视觉效果更加真实、自然、丰富，是纺织品纹样设计中混底、满底布局常用的空间组织方式。

1."图"的空间化表达

纺织品纹样设计中，由于"图"的空间化表达而使画面呈现多层次空间关系，带给纹样丰富的表现趣味，多样的设计语言。"图"的造型、色彩、肌理及其组织等设计要素是空间形成的决定性因素。无论是采用光影、体积、线型等关系来表现"图"的重叠、旋转、弯曲、切割、凹凸、投影等立体空间变化，还是采用远近透视、空间视角、色彩深浅等原理表现"图"的虚实、疏密、清晰与模糊等空间深度变化，都能够引起空间的视幻觉，甚至引起意境空间的心理扩展，营造感知觉暗示下的立体空间，借以产生纹样画面的深度、层次等视觉空间感觉，凸显其形式与空间美感（图3-133~图3-137）。

图3-133 图的空间表达（一）汤欣月

图3-134 图的空间表达（二）程相格

图3-135 图的空间表达（三）李彬若

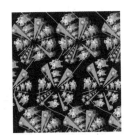

图3-136 图的空间表达（四）尚怡乐

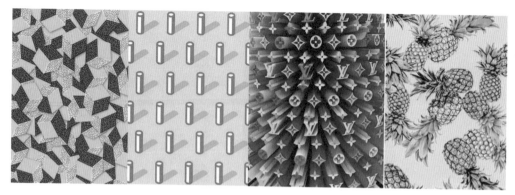

图3-137　多层性空间　图的表达

2."底"的空间化表达

纺织品纹样设计中，聚焦"底"的空间化表达可以增加纹样画面的丰富性，与"图"不同的是，"底"由于自身的特性，往往以"面"性空间为基底加以呈现。"面"的起承转合、体量感、动势、色彩关系，以及改变方向的平行线、正交网格的扭曲等面化的线，诸如这些因素，都会使"底"形成空间幻象，产生韵律、动态、透明、错觉之感。需要注意的是，尽管"底"有如此丰富的变化，但与"图"相比，"图"依然是纹样画面的视觉重心。因而在设计过程中，设计者需要梳理"图""底"的次序关系，避免主次颠倒（图3-138~图3-142）。

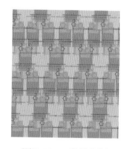 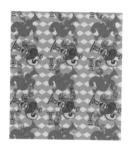 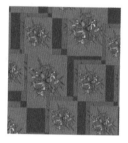 

| 图3-138　底的空间表达（一）　周梦娇 | 图3-139　底的空间表达（二）　葛子凡 | 图3-140　底的空间表达（三）　李彬若 | 图3-141　底的空间表达（四）　杨晨 |

图3-142　多层性空间　底的表达

3."图""底"叠加

纺织品纹样设计中"图""底"叠加，形成画面的多层次空间关系，从而形成观者视觉的前后关系，"图"在画面中具有前进感与"底"深入环境中的后退感，形成纹样整体层次复杂而多变、稳定而有序的视觉效果。如威廉·莫里斯在纹样设计中将"自然元素简练归纳成平面图形，元素之间的穿插搭配，通过色彩对比在整体视觉上营造深度空间感，其图案大体可以分为三层：枝叶主体结构层、元素配搭装饰层以及背景底层"❶，画面重叠交错，色彩丰富，极具感染力。"图"与"底"的关系并不明确，"图""底"以透叠、相交、重合、叠加等方法形成纵深错觉的空间效果，整个图案空间关系并不固定而相互易位。这类纹样设计需要设计者具有较强的空间掌控能力，从"图""底"的形态、色彩、肌理的丰富多变到骨格排列布局的合理设计，以及它们所形成的对比性、整体性、关联性的画面关系，再到和谐、统一、律动有致的画面效果，包括其所引发的观者视觉、心理复杂的空间感受，都需要设计者强化空间的形式美感，从整体效果上系统地审视纹样诸多元素之间的联动性，以形成理想的层次关系（图3-143~图3-147）。

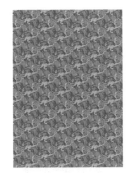  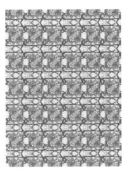 

图3-143　图底叠加（一）　　图3-144　图底叠加（二）　　图3-145　图底叠加（三）　　图3-146　图底叠加（四）
汤欣月　　　　　　　　　　周梦娇　　　　　　　　　　吴皓煜　　　　　　　　　　马文清

图3-147　多层性空间　图底叠加

❶ 毛宏萍,景海巧.浅析威廉·莫里斯图案的设计风格[J].西部皮革,2021(6):126-128.

第五节　接版

在纺织品制造过程中，由于面料的无限延展性，促使纹样在进行骨格设计时需考虑面料纹样左右上下的连接问题，这种连接连续重复单元纹样的方法叫接版。通常面性重复纹样是以基本形或单元形向上、下、左、右四个方向作无穷尽的循环反复延伸，在循环中，基本形（单元形）在左侧（上侧）边缘与右侧（下侧）边缘处拼合成一个完整的图形，根据接版的位置可分为平接版与跳接版两种常见方法。

一、平接版

平接版也称对接版，是最简单的接版方式，基本形（单元形）在重复排列中上侧与下侧垂直对应，左侧与右侧水平对应相接，使纹样画面的"图"朝着水平与垂直方向无限循环、反复延伸（图3-148~图3-151）。

图3-148　平接版（一）　　　图3-149　平接版（二）　　　图3-150　平接版（三）　　　图3-151　平接版（四）
尚怡乐　　　　　　　　　　　尚怡乐　　　　　　　　　　　王晨靖　　　　　　　　　　　李彬若

二、跳接版

跳接版也称1/2接版，基本形（单元形）在上下方向相接，而左接右时，先把左右部分为上下相等的两部分，然后使左上部纹样接于右下部，左下部纹样与右上部纹样相当，形成基本形（单元形），垂直方向延伸不变，而左右延伸呈各斜向延伸状态，故又称为斜接版或跳接版（图3-152~图3-155）。俄罗斯前卫艺术运动杰出织物设计师普列奥布拉斯卡娅（D.Preobrzhenskaya）的作品《水上运动》便是采用这种跳接版的方式（图3-156）。

图3-152　跳接版（一）
尚怡乐

图3-153　跳接版（二）
尚怡乐

图3-154　跳接版（三）
尚怡乐

图3-155　跳接版（四）
尚怡乐

　　相比较而言，跳接版比平接版的视觉效果要生
动活泼一些，我们可通过工艺美术运动代表人物威
廉·莫里斯的手绘底稿，窥见其对于纹样接版拼合方
式的灵活应用（图3-157）。除此之外，还有许多接
版方法，但不如这两种方法简便易掌握。尤其随着数
码印花的普及，纺织品纹样突破传统手绘设计模式的
束缚，对于具体接版尺寸不像丝网印染那般要求严
格，在接版方法上表现得更为自由，接版的方法取决
于印花机的规格、幅宽，设计者甚至无须深入了解接
版尺寸的要求，往往只要掌握线性重复、面性重复的
构成规律即可。

图3-156　水上运动　普列奥布拉斯卡娅

图3-157　威廉·莫里斯手稿

　　总体而言，纺织品纹样作为面料、家居软装、服装服饰产品设计及应用的要素，将大千世界的物象加以想象与联想，转化为图形纹样在二维平面上加以表现，这种表现通过具象、抽象、复杂多样、概括简练等不同设计手法，以平面化或空间化的视觉语言构筑层次分明且丰富的纹样画面，其最终的视觉外观效果是影响消费者消费心理和行为的决定性因素之一。纺织品纹样设计是艺术与科学的有机融合，是基本形设计的感性与骨格秩序的理性的融合，设计者需掌握纹样设计形与骨格之间互制、互动、共生的辩证关系，因地制宜、因势利导地运用秩序构建规则，强调纹样设计各要素之间的整体协调与统一，多样与变化，"使纹样的各部分之间相互区别、排布自由而富有动感，综合考虑形的疏与密、大与小、长与短、方与圆、曲与直等在画面上交错运用，注意纹样组织结构形成一种一致或具有一致趋势的视觉感受，如色调的统一、线条勾画的一致、形式的整齐、方向的相同、块面组合的协调等"❶，促使纹样内外在形成联系，统一与变化二者有机结合，于细节处体现变化，整体上追求统一，构建整齐有秩序、均衡对等的关系，最终使画面呈现出丰富且协调的美感。

　　此外，Adobe Illustrator、Photoshop计算机绘图软件工具作为设计者手中的电子画笔，只有熟练掌握运用好这一工具才能将自己的奇思妙想转化为可视的纹样，继而物化呈现。数字化艺术是信息化数字时代所产生的一种新兴艺术门类，运用计算机作图软件与相关的新信息、新技术进行集成，可以为传统的纹样设计工艺注入新的活力，产生新图形，这是传统手工设计方法无法做到、想到的具有现代审美的创新型表现方式，数字化艺术方法在很大程度上影响着现代纹样艺术风格。而且由国内自主研发的人工智能软件，如阿里集团的"鹿班" AI设计、腾讯与敦煌研究院合作的"敦煌诗巾"程序、微软小冰与万事利丝绸开发的"西湖一号"平台已经可以实现从海量素材库中分析、提取纹样的色彩、图形、风格、肌理等相关信息，甚至基于大数据生成的"热点"，通过深度神经网络进行抓取关键信息，能够自动在素材中框选出主要纹样范围，即使再复杂，依然能够准确切割主体纹样，依据算法生成重复性排列。这对纺织品设计者而言，不得不去思考在未来的设计生涯，如何引导运用人工智能平台将自身的创意更好地发挥，同时也对设计者提出了更高的职业要求。

❶ 刘远洋.中国古代织绣纹样 [M].上海:学林出版社,2016:53-54.

◎ 知识链接

1981年，俄罗斯结晶学家费多洛夫（E.S.Felorov）在其论文中证明平面上重复的图样可归纳为17条法则（The Seventeen Symmetries，图3-158），这17条法则基本上以旋转和镜像为主。

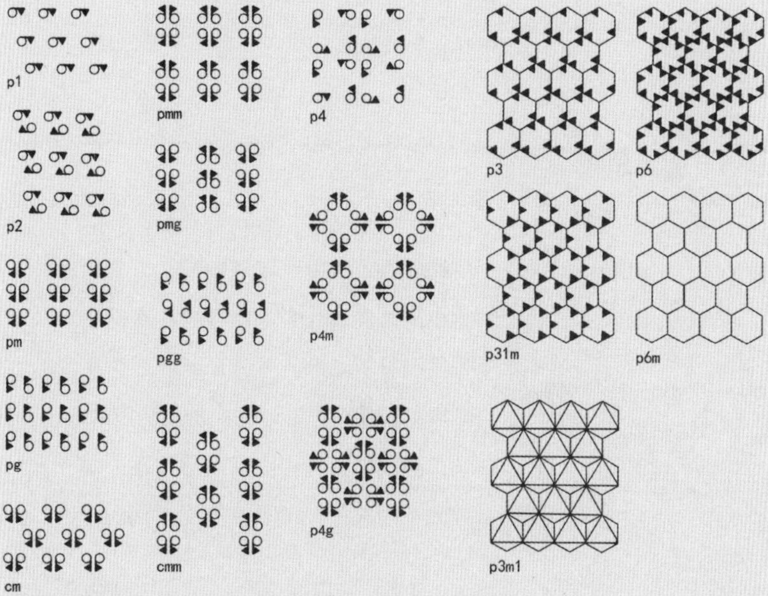

图3-158　17条法则示意图

这17条法则采用国际共通的标记方式，以字母"p"（Primitive）表示基本形，"c"（Face-centered）表示向心，"m"（Mirror）表示镜像，"g"(Glide)表示位移镜像。具体如下：

p1：单纯平移

pm：单向镜像

pg：单向位移镜像

cm：单向镜像后二分之一位移

p2：2次分割（180°）旋转

pmm：双向镜像

cmm：两对角线上双向镜像

pgg：双向位移镜像

pmg：单向镜像后朝另一向位移镜像

p3：3次分割（120°）旋转

p31m：3次分割（120°）旋转并镜像，旋转中心与镜像轴重合

p3m1：3次分割（120°）旋转并镜像，镜像轴未通过旋转中心

p4：4次分割（90°）旋转

p4m：4次分割（90°）旋转并镜像

p4g：4次分割（90°）旋转并位移镜像

p6：6次分割（60°）旋转

p6m：6次分割（60°）旋转并镜像

? 课后思考

1. 何谓秩序？秩序可以通过什么方式构建？

2. 纺织品纹样设计中的秩序构建有何意义？

3. 如何理解基本形与单元形之间的关系？

4. 影响纺织品纹样设计重复构成的因素包含哪些？试举例加以说明。

5. 纺织品纹样设计中如何确定"图"与"底"？"图"与"底"会构成什么样的空间关系？试举例加以说明。

延伸阅读

1. 亚力克斯·罗素. 纺织品印花图案设计 [M]. 北京：中国纺织出版社，2015.

2. 保罗·杰克森. 图案设计学 [M]. 台北：积木文化，2020.

3. 藤田伸. 图解图样设计 [M]. 台北：易博士文化，城邦文化出版，2017.

4. 布拉德利·奎恩. 纺织品设计新势力 [M]. 杭州：浙江人民美术出版社，2011.

5. 弗朗西斯卡·加斯帕洛蒂. 家居图案设计 [M]. 沈阳：辽宁科学技术出版社，2014.

6. 约瑟芬·斯蒂德. 纺织品服装面料印花设计：灵感与创意 [M]. 北京：中国纺织出版社，2018.

纺织品纹样艺术表达

> **本章重点：**本章教学重点在于帮助学生归纳总结纺织品纹样设计中各种艺术表达形式的特点，解释不同艺术设计风格产生的条件和原因，以及总结各种艺术的装饰性设计语言的表达。
>
> **本章难点：**本章教学难点在于使学生了解并掌握众多艺术表达方式，把控各类风格特征并在纺织品纹样设计中加以应用。

我国纺织品历史悠久，纺织品行业经过长期演进，已经具有了多种多样的艺术风格。纺织品的实用性早已不言而喻，但是随着社会经济的不断进步，人们的审美与需求也在逐步提高，随着社会文化多元化的发展趋势，需要设计者不断探索新的艺术表达方式，表现纺织品纹样设计的艺术性、美观性。作为新时期纺织品纹样设计的从业者，更需要不断增强自身专业艺术表达能力。因此，本章总结纺织品纹样艺术的多种表现形式，将文字、传统绘画艺术、民间民俗艺术、现代艺术、数字媒体艺术融入纺织品纹样设计当中，为纺织品纹样设计与发展提供依据，进一步丰富纺织品的艺术表达形式。

第一节　纺织品纹样与文字

文字在纺织品纹样中应用较为广泛，它作为一种艺术表现元素，在纹样设计当中不仅有着鲜明的符号性和深刻内涵。文字经过演变发展，借助艺术表达呈现出独特的审美性。

文字作为一种语言符号，可以传达内在的文化蕴涵。文字在纺织产品中的应用，可以清楚地表达传递出人们的情感诉求，是一种最为简洁、最有说服力，最直观的艺术元素设计符号。纺织品纹样的发展历经多个时期，文字在纺织品发展和演变中的应用体现了与每个历史阶段的政治、经济、社会、宗教、文化等方面的关联。

《中国书法简史》中"以象形图画为主导的文字符号系统"，阐述了汉字从形成之初便是以图画、装饰的形式被人们所运用，正是这种装饰性的图案和符号通过历史的发展演变形成了汉字。我国汉代时期产生了"文字锦"，以织锦的工艺手法借助云气纹作为框架，结合龙凤、老虎、仙鹤、鹿等动物纹样，填补文字于空隙处。"万年益寿""延年益寿、大宜子孙""五星出东方利中国"（图4-1）等文字的应用，大多展现了吉祥的寓意和美好的期盼，与此同时也表达出当时人们对语言符号的归属感与认同感。魏晋时期，纺织品上的文字表达越来越丰富，许多纹样开始围绕文字进行形象化表达，起到了装饰、美观的作用，审美价值得以提升。到唐宋时期，由于经济、社会、文化的空前繁荣，文字符号已经深入人心。从印染到纺

图4-1 汉代"五星出东方利中国"护膊织锦

织，从刺绣到缂丝，文字的艺术化表达在纺织品上体现得淋漓尽致，尤其是丝绸之路，受到西方国家丝绸设计的影响，中国本土纹样设计与西方国家互相借鉴发展，将文字与纺织品相融合，折射出当时的文化形式。直至明清，在吉祥文化的推动下，单个图案化的文字如"福""禄""寿""喜"一度流行。近代以来，随着纺织技术的不断提升，以及受到西方文化的影响，我国纺织品纹样设计中的文字表达也日趋丰富，文字在纺织品等方面的设计应用开始"中西合璧"，既有中国东方的整洁美观，又包含西方国家的多样化造型。在历史的演变中，文字的不断简化，其艺术化表达也逐渐走向成熟。随着时代的发展，纺织品纹样中的文字应用方式也已多种多样。应用方式主要包含四个方面。

一、文字作为主纹样的设计应用

文字作为主体的应用，具有强调主体、突出内涵的作用，使人将注意力集中在文字本身的内容及视觉符号的含义上。其内容强调个性化和定制性，比如当下个人定制的文化衫，不仅体现了文化象征意义和时代内涵，还可以作为一种情感的抒发和表达。时尚品牌通常将自己的LOGO文字经过艺术化设计，形成图案，应用在纺织产品上，除了可以提升产品本身的设计感和艺术价值之外，还可以起到宣传和加强品牌标识度的作用（图4-2~图4-4）。

图4-2 博柏利丝巾设计

图4-3　芬迪丝巾设计　　　　　　　　　　　图4-4　爱马仕丝巾设计

二、文字作为辅助纹样的设计应用

在纺织品纹样设计中，图案和文字结合的方式屡见不鲜。以图案作为主体，将文字内容作为辅助纹样进行应用，虽然强调性质和文字符号的视觉影响稍有减弱，但是这种图文搭配丰富了视觉层次，提高了构图的饱满度，在纹样设计应用中，经常能够见到服饰及家居产品将品牌LOGO和其他类型图案进行结合加以应用的情况（图4-5～图4-7）。

 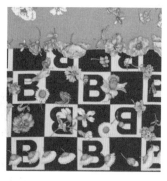 

图4-5　古驰丝巾设计　　　　　图4-6　莫斯奇诺包袋设计　　　　　图4-7　博柏利丝巾设计

三、文字作为肌理的设计应用

随着时尚品牌的发展，品牌名称简化成字母组合，一直是大牌的经典案例，如芬迪（Fendi）的双F，博柏利（Burberry）的TB，以及路易·威登（Louis Vuitton）的品牌印花（Monogram）图案等（图4-8～图4-10），都以符号化的图案进行呈现。经过组合、设计排

图4-8 芬迪包袋设计　　　　图4-9 博柏利包袋设计　　　　图4-10 路易·威登包袋设计

列后，将文字作为图案肌理化的应用效果，视觉符号效果愈加明显。

四、书法字体的应用

在文字图案的造型方面又分为现代印刷字体和手写书法字体。相较而言，书法字体随着运笔与章法的意境不同，所呈现出的风格也各不相同。以我国传统书法的应用为例，即以汉字为媒介、以毛笔书写为创作方式，书写过程不仅是信息的传递，更是一种自我思想和情感的抒发。把汉字外在形态与内涵和创作者自身的思想情感相结合，形成了"形"与"意"的

融合表达。随着时代的推进，书法艺术形式逐渐发展演变，形成了篆、草、隶、行、楷多种字体形式。不同的书法艺术形态带有不同的视觉体验，比如：草书以潇洒自然、狂放不羁为特色，篆书以严肃庄重为特色等。传统书法在纺织纹样中的设计应用也更符合当下国潮风格盛行的趋势，笔墨的应用和气韵的体现使书法字体的应用带有独特的意境美和东方美。日本设计师渡边淳弥在2021年发布的服装设计Nostalgic for Asia被称为"东方记忆"（图4-11），联合

图4-11 渡边淳弥2021"东方记忆"系列服装设计

多个亚洲艺术家，是聚焦亚洲传统艺术形式的表现。这一系列服装设计中所出现的书法字体纹样，是对王冬龄先生的狂草作品进行的设计应用。

经济的发展、社会的进步、文明的提升，为纺织品纹样设计带来了更为广阔的空间，也为创作者将文字艺术融入纺织品纹样设计提供了更多的设计手法和应用场景。

第二节　纺织品纹样与传统绘画艺术

传统绘画艺术主要分为中国和西方的两个层面，主要包含了中国画、油画、水彩等。传统绘画艺术表现形式多样，在纺织品纹样设计当中呈现出了不同的艺术效果。中国传统绘画艺术多种多样以中国画为主要的艺术表达手法，在艺术审美上极具东方特色魅力。传统绘画艺术是中国上下五千年以来深厚的文化底蕴不断积淀而来的，作为我国的艺术宝贵财富，其丰富的艺术内涵蕴含着无穷魅力，引导着纺织品纹样的设计。从古至今，我国纺织品纹样设计多是以传统绘画艺术的运行为主题而展开艺术表达的，将传统绘画艺术应用于纺织品纹样设计中，更是对我国传统文化的传承与发展。西方传统绘画是区别于我国传统绘画体系的绘画类型，艺术表现方面强调写实，以透视和明暗塑造的表现手法，来显示被刻画对象的体积、质感和空间感，并追求物象在一定光源照射下所呈现的色彩效果，具有生动、写实的艺术特色，和我国传统的绘画体系有着非常明显的差异。传统绘画艺术是纺织品纹样设计主要的设计表现手法之一。

一、中国画

中国画是中华民族传统文化的重要组成部分，扎根中华民族精神文化的土壤当中，有着深厚的历史背景。它作为东方艺术的代表，在文化符号上有着鲜明的导向，蕴含着中国文化独特的魅力。中国传统绘画艺术展现了东方美的"视觉艺术"，其文化认同感与归属感历久弥新。中国画也称为水墨画，以墨为主要颜料，以水为调和剂，以毛笔为主要工具，多以宣纸和绢帛为载体，已形成独特的审美符号，蕴含有丰富的文化内涵。创作者通常对现实中的景物进行主观的改良或归纳，进而通过不同的创作形式进行水墨呈现。

中国画历史悠久，在我国的"仰韶文化"彩色陶器上发现的纹样和装饰中，许多都已经呈现出中国画的影子，是迄今为止可以追溯的、最早的传统绘画艺术，距今已有6000多年的历史。到汉代，绘画艺术得到提升，尤其是受到印度佛教艺术的影响，出现了大量的壁画作品，像莫高窟等石窟绘画呈现出传统艺术的独特魅力。隋唐时期，传统绘画已发展为写意山水画，并且出现许多有名画家，山水花鸟开始作为独立的画科。宋元时期，风俗画兴盛起来，同时水墨山水画也大有发展。明清时期，大批绘画流派的产生，推动中国画进一步发展。近现代杰出的画家也很多，如齐白石、丰子恺等人，都推进着中国画的创新与发展。中国传统绘画按创作题材划分，可分为山水画、人物画、花鸟画、动物画。以人物画为例，历代著名人物画有：东晋顾恺之的《洛神赋图》，唐代韩滉的《文苑图》，北宋李公麟的《维摩诘像》，南宋李唐的《采薇图》、元代王绎的《杨竹西小像》，明代仇英的《列女图卷》，清代任伯年的《高邕之像》，现代徐悲鸿的《泰戈尔像》等。按表现手法划分，可分为写意画、工笔画、半工半写等。例如，唐代周昉的《簪花仕女图》，张萱的《虢国夫人游春图》都是工笔画。这些传统中国画不论是在构图审美上还是在内涵寓意上，都留下了传统文化艺术色彩，这也使其能够与我们生活中常用的纺织品结合起来，以纺织品为媒介，将绘画艺术的传统美呈现出来。

（一）写意画

写意画，是在写实的基础上，加以抽象的构图和绘画表现手法，传神和生动是写意画的绘画表现目的，与此同时还要体现出一定的意境美。写意画注重意象的表现，意象指的是创作者对于客观主体的理解并对其特点加以提炼、思考，并赋予主观的情感、感受，通过绘画表达自己的思想情感。以达到展现具有东方神韵的、人与自然完美融合的精神境界的创作目标。

写意画常被设计师应用于纺织品设计中，特别是在西方设计师对东方设计元素进行表现时，其中较为典型的设计如乔治·阿玛尼（Giorgio Armani）2015系列服装设计，其选用中国画中的竹子进行设计表现（图4-12），大多纹样是以写意的绘画方式出现的，根据面料质感的不同，不仅展示出了中国画的层次感还对东方风格进行了展现，结合中式服装的元素，整体显现出优雅和柔美的女性特质。

随着文化自信的不断增强，"国潮热"的兴起，越来越多的本土品牌也开始注重传统元素的应用。比如盖娅传说的2020春夏系列服装设计（图4-13），对国画写意元素进行了应用，灵感来源于北宋学者周敦颐的《爱莲说》，通过写意的方式对莲花和荷叶进行描绘，加上整体服装的色彩及渐变色的体现，能够在展现中国画水墨神韵的同时，凸显服装整体的意境美。

此外，在结合材料和工艺方面（图4-14），以吴冠中的中国画江南水乡系列中的徽派建筑为灵感来源，以黑白先染面料，展现水墨的视觉效果，运用拼布的工艺手法进行创作，整体产品呈现出写意画的氛围。

图4-12　乔治·阿玛尼2015系列服装设计

图4-13　盖娅传说2020春夏系列服装设计

图4-14　"微风皖韵"系列包袋设计　王艳菲

（二）工笔画

以线造型是工笔画技法的特点，也是其基础和骨干。工笔画对线的要求是工整、细腻、严谨，一般用中锋笔较多。设色艳丽、沉着、明快、高雅，有统一的色调，具有浓郁的中国民族色彩审美意趣。其艺术形象大都源于自然，通过主观的提炼加工，转化成画面中所展现的艺术形态。

工笔画作为图案元素也常被运用在各种能够体现中国风、东方主题的设计当中，如在英国手绘壁纸品牌帝家丽（de Gournay）的系列产品中，对工笔画图案的应用便体现出中国传统的艺术韵味（图4-15）。

图4-15　帝家丽品牌手绘壁纸

19世纪20年代，民国时期天津地毯厂受到欧洲的装饰艺术风格影响，对传统工笔画加以设计应用，生产的地毯在图案应用和构图上都能看到超前的艺术表现，如图案不受地毯边框的限制，将图案延伸到边界以外，有意打破画面的静感，形成静中有动，动静相宜的视觉效果，又或将边框作为工具，起到固定花篮的作用，整体效果不仅能够彰显意境，而且可以增加趣味性的表达（图4-16）。

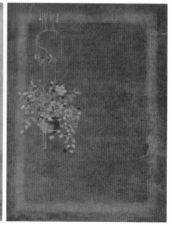

图4-16　民国时期天津地毯厂出品的地毯

中国画艺术的表现技法和艺术表现形式，是我国各民族在历史发展过程中形成的独具特色的艺术形式，是中华民族的瑰宝，是纺织品设计的灵感来源，更是文化自信和传承发展的重要体现。

二、油画

油画是诞生、发展、兴盛于西方的一种传统绘画形式，以油进行调色，作画时具有较强的覆盖力，能充分细致地表现出物体的质感和丰富的色彩效果。随着时代的发展形成了多种观念和流派，延伸出多种风格。油画按照画家个人情感含量划分为五个层次，分别为：超写实、写实、现实、超现实和抽象。在印象派以前的油画，大都是逼真的写实画法，细描细画，远看近看都严谨周密，却失去了许多空间、气氛，以及微妙的色彩感受。油画在形成过程中，根据绘画风格的不同会形成或豪放、或细致的笔触，同时也使画面具有了灵动感和韵律感，其所形成的质感本身也具有艺术张力。油画装饰性语言随着油画的发展，在各种风格和流派的发展中都有所体现。中国油画，在西方表现主义和东方古典美学的影响下，走出了一条不同的发展道路，有着丰富的中国本土文化特点。

随着我国经济、社会、文化的不断变革与繁荣发展，人们的思想与意识得到空前提升，艺术的审美鉴赏能力不断提高。与此同时，随着家装风格的多元化呈现、工艺技术的推陈出新，纺织品纹样设计借助油画艺术魅力加以艺术化表达，受到越来越多的消费者关注。与其他传统绘画艺术相比较而言，油画的画面质感更为强烈，色彩应用更为丰富，作品画面往往

更具艺术感染力，题材也十分丰富，内容涵盖人物、动物、风景等内容，表现手法有干画、湿画、刮画等。将油画表现形式应用在纺织纹样设计中，可以丰富纺织产品的艺术内涵，提升纺织产品本身的艺术特质。在设计时，需注意将油画的质感与肌理、概念与形象充分表现出来，在形式美法则的基础上，以油画艺术图案的应用带来更强的视觉冲击力（图4-17、图4-18）。

图4-17 伊夫·圣·罗兰 1988时装

图4-18 梅森·马丁·马吉拉（Maison Martin Margiela）2014时装

除了对绘画作品和整体风格的应用，在油画作品中的笔触质感也可以作为切入点进行设计表达，如路易·威登发布的2023早春男装（图4-19），在系列服装设计中对油画图案进行了设计应用，整体视觉上呈现出印象派的风景油画特征。除了对花卉图案的展现，还有对油画质感和肌理的呈现，将绘画作品的笔触质感通过材料应用、面料提花、刺绣等工艺形式进行了展现。

图4-19 路易·威登2023早春男装

三、水彩

水彩画，是传统绘画艺术中的一种，以水和颜料相结合进行作画，其形式与中国画具有异曲同工之妙。但是，在历史背景、观察方式与创作思维方式、审美观念诸方面，水彩画与中国传统绘画却是两个完全不同的概念。水彩画不同于中国传统绘画，是以高度写意的手法将实景呈现出来，展现出和谐的情感与氛围。与其他绘画比较而言，水彩画较为注重表现技法，其画法通常分"干画法"和"湿画法"两种。颜料整体呈现出透明质感，使水彩画产生一种较为明澈的视觉效果，水彩画采取干后层层薄涂罩染或湿画层层晕染的手法，将色彩进行反复叠加、逐步丰富。水彩画的色彩表现更具视觉层次感，给人带来不同的视觉感受，水彩画就其本身而言，具有两个基本特征：一是画面大多具有通透的视觉感觉；二是绘画过程中水的流动性。

纺织品纹样设计借助水彩艺术的表达技巧，运用写意的手法通过泼洒、平铺、点缀等手法进行设计表达，色彩时而浓重，时而淡薄，呈现出清新典雅流畅洒脱的风格特点。

在瑞士家纺品牌雪堡（Schlossberg）的床品设计中（图4-20），水彩的应用包含钢笔淡彩、水彩文字或是色块笔触等多种表现手法，通过色彩的浓淡来表现视觉层次感，使纺织品散发出清新淡雅的艺术气息。

图4-20　雪堡床品设计

事实上，无论是中国画、油画还是水彩，其表现都承载着绘画者的思想与精神，展现出人文情怀。传统绘画的内容、形式和技法在理论与创作上亦形成了一套独特的体系。这样的艺术表达形式对纺织品纹样来说具有可操作性，可以极大地拓宽纺织品纹样的设计思路，丰富设计表达语言，提升纺织产品的艺术内涵。在纺织品纹样设计中，传统绘画艺术的运用要不断契合社会流行发展的趋势，要与时代潮流的风格相结合，在传承文化的基础上，让纺织产品能够满足人们日益增长的审美需求。

第三节　纺织品纹样与民间艺术

民间艺术作为我国传统文化的代表，有着十分悠久的历史发展过程，深深地影响着人们的日常生活。民间艺术具有独特的文化魅力和鲜明的地域特征，是我国传统文化的重要组成部分，更是民族精神的外化表现。

我国民间艺术有着悠久的发展史，产生了许多具有地域代表性的优秀民间文化艺术，充分体现了传统文化的精神内涵，也向我们呈现了历代辛勤人民智慧的结晶和对文化艺术的追求。从民间艺术来看，设计元素体现在多个方面，包含形状、颜色、符号、寓意等，各个部分采用一定的构成方式组合在一起，共同组成了民间艺术，从中不仅能够体现传统文化的魅力，更能够彰显地域风俗的特点。

随着时代的变迁，民间艺术的形式、构造、元素也变得多种多样，以传统民间艺术的表现方式作为图案符号，并通过日常生活的方方面面呈现出来，能够起到传承民间艺术、彰显文化自信的作用。对于纺织品行业而言，民间艺术风格的纹样设计更能够得到消费者的情感认同。从时代潮流出发，结合民间艺术设计出兼具审美功能和实用功能的纺织品，能够更好地提升纺织品的吸引力，扩宽和充实"国潮"表现形式。

一、剪纸

剪纸，是中国传统民间艺术的一种表现形式，用剪刀或刻刀在纸上剪刻花纹，用于装点生活，是传统民俗活动中常见的民间艺术品。在中国，剪纸具有广泛的群众基础，交融于各族人民的生活中，是各种民俗活动的重要组成部分，也是我们最常见到的民间艺术形式。在过年过节的时候，通常会用剪纸来烘托喜庆祥和的氛围，剪纸呈现出来的艺术造型多种多样，如文字、人物、动物、花纹等。时至今日，剪纸依然作为民俗文化的一种重要的表现方式，受到了国人的喜爱。作为一种视觉标识，剪纸具有镂空的艺术特点，在设计上可以充分发挥其符号特征，以其艺术特色带来独特的审美。2006年5月20日，剪纸艺术遗产经国务院批准，列入第一批国家级非物质文化遗产名录。

从色彩上进行分类，剪纸可分为单色剪纸和彩色剪纸。单色剪纸是剪纸中最常见的一种应用，以大红色最为普遍，代表着喜庆、红火。彩色剪纸是指在同一画面有两种或两种以上颜色的剪纸，手法包含"点色剪纸""套色剪纸""衬色剪纸""分色剪纸"和"拼色剪纸"等，在彩色剪纸中，河北蔚县剪纸以宣纸为原料，以刻刀刻制、品色点染，是全国唯一一种以阴刻为主、阳刻为辅的剪纸艺术，也是我国唯一一个施用重彩的剪纸艺术，于2006年入选第一批国家级非物质文化遗产，并于2009年入选世界人类非物质文化遗产代表名录。2018年清华大学研究生任和在蔚县剪纸的基础上将冬奥会的运动项目与中国传统吉祥纹样进行结合，根据蔚县剪纸中人物动态的造型形象设计了系列作品《蔚县剪纸×2022冬季奥运会》（图4-21）。中国民间剪纸艺术杰出的代表人物库淑兰的艺术剪纸形式——剪贴画，运用彩色蜡光纸，创造了用彩色纸不断贴加的创作手法。其剪纸构图大胆、人物形象饱满、色彩鲜丽，具有鲜明的地方特色（图4-22）。1996年，库淑兰被联合国教科文组织授予"杰出民间艺术大师"称号。以其为代表的彩贴剪纸已被列入国家级非物质文化遗产保护名录。

剪纸图案作为展现东方元素的一种手段，多年来，在各大时尚发布会上，以及各种国际品牌的秀场中都随处可见，如贾尔斯（Giles）2012春夏、克莱格·格林（Craig Green）春夏男装、殷亦晴（Yiqing Yin）2012秋冬高级定制等（图4-23~图4-25），都对剪纸元素进行了应用。当然其中部分品牌的呈现效果，来源于剪纸，但是却打破了剪纸传统的审美特征。剪纸艺术与潮流相结合，能够进一步提高民间艺术文化符号的可识别性。在2022年北京冬奥会的开幕式和闭幕式中，都可以看到以剪纸图案为代表的中国传统艺术的运用，以蔚县的非遗剪纸文化进行的创作，在这个历史契机既宣扬了传统文化，又体现了文化自信。开幕式中服装的剪纸图案融合了窗花的文字和结构，闭幕式中也选取寓意"连年有余"的剪纸图案进行应用（图4-26、图4-27）。

图4-21 蔚县剪纸×2022冬季奥运会 任和

图4-22 剪纸作品 库淑兰

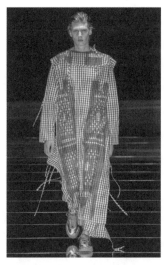

图4-23 贾尔斯2012时装　　　图4-24 克莱格·格林　　　图4-25 殷亦晴2012时装
　　　　　　　　　　　　　　　　2020春季男装

图4-26 2022年北京冬奥会开幕式　　　图4-27 2022年北京冬奥会闭幕式
剪纸图案的应用 人民日报　　　　　　剪纸图案的应用 央视新闻

二、皮影

皮影作为中国传统民间艺术，已经延续几百年，具有深厚的文化内涵，是我国的非物质文化遗产。其在形式和内容上大都取自我国民间传统故事，通过皮影表演的形式表现出来。皮影文化作为最具特色的民俗文化之一，由于其内容丰富，在演绎上既具有视觉欣赏，又具有戏曲鉴赏的功能。

皮影属于我国传统戏剧的一种形式，其形式的展现涉及了多种工艺手法，如剪纸、雕刻等，其中运用最多的是镂刻手法，点、线、面等平面构成要素的应用使得皮影图案更有视觉冲击力。在装饰纹样方面，皮影艺术中应用频率较高的图案包括雾花、松针、鱼鳞、花卉等。另外，在皮影当中，还会引入有吉祥寓意的图案，大量图案的应用象征着古代劳动人民对美好生活的憧憬。除此之外，皮影当中还会用谐音来表示吉祥的内涵。皮影艺术造型色彩明丽，在色彩的运用方面有其独到之处。皮影在颜色的运用方面以红色、黄色、青色、黑色和白色为主色调，构成"五行运化"的规律，在颜色运用方面具有典型的民族特色。皮影传承人李剑以牛皮为原料进行皮影制作雕刻的系列服装配饰设计，将皮影的艺术元素结合服装及配饰进行了设计应用，其中体现了皮影的众多艺术特点，如镂空带来的光影艺术效果，以及皮影用色的特点——补色应用，在视觉上形成了鲜明对比，色彩晕染带来了形式美感。在工艺方面，还将皮影的制作手法与纺织品编织和刺绣的制作手法进行了融合（图4-28）。

图4-28　皮影与时尚创意服装设计制作　李剑皮影工作室

在纹样设计应用方面，可以对皮影效果予以图案化的设计，将皮影图案作为设计元素灵活运用，增加纺织品的文化内涵，也可以让消费者对中华传统文化有更加深入的了解。如图4-29、图4-30所示，对陕西传统皮影戏的武生造型形象进行概括提取，通过对皮影整体视觉特征的把控，采用低饱和度的色彩，对图案进行块面化分解处理，使产品在图案层次的变化过程中产生一定的空间感。

图4-29　陕西皮影戏　　　　　　图4-30　纺织品纹样设计　郝一琳
　　　　武生形象

三、面塑

我国传统饮食文化源远流长，其中面塑作为传统饮食文化的延伸，朴实而极具民间色彩。作为我国传统民俗观念的载体，广泛存在于民俗生活中。面塑又称面花、礼馍、花糕、捏面人，是以面粉为主要原料，通过揉、搓、捏、捻等各种手法，以手指和小竹刀等塑造各种艺术形象的工艺。

面塑、面花属于立体造型艺术，具有典型的立体造型特征，有着一定的立体形象特点，民间艺人采用"贴花""插花"的形式配合面型来完成立体形象的塑造。在形象内涵上赋予祈子求福、纳福招财等吉祥含义与艺术意义。各式各样的面花、面塑表述着人们的情感，传承着中国几千年来的民间手工艺传统文化，表现出对传统美学的精神追求和对美好生活的向往。面塑和面花常见于新生、婚嫁、祝寿、丧葬，其展现的核心主题是人类的繁衍生息，体现了中国传统生存观念，以及劳动人民对美好生活的向往，如龙凤、榴开百子、麒麟送子和民间传说等，均是吉祥、富贵、添子等主题。在时令节日中的面塑主要用于春节、元宵、二月二、清明、端午、七月十五、中秋，以及各个地方性的祭祀活动。面塑的色彩应用大致分为两类。一类是素色，在其中会点缀红枣、红豆、黑豆、绿豆等食材，运用食材本身的颜色来调和素色面塑所带来的单调感。另一类是彩色，常用对比色和补色作为色彩配比，加以黑色和白色进行协调。彩色面塑明度较高，视觉上色彩对比强烈，给人热烈明快之感，喜庆氛围浓郁。在设计时可以对花馍中的造型进行概括提取，加以平面化处理（图4-31、图4-32），在色彩方面降低饱和度来进行应用。

图4-31 狮子馍　　　　　　　　　图4-32 面塑艺术的应用 郝一琳

四、面具

我国民间面具艺术历史悠久，文化内涵丰厚。面具又有"假面""假头""面饰""面罩""面像"之称,其品种繁多、形象丰富。在原始时期,种类繁多,有"狩猎假面、图腾假面、妖魔假面、医术假面、追悼假面、头盖假面、鬼魂假面、战争假面、入会假面、乞雨假面、祭祀假面"❶。在现代按其特点和应用方式可大体分成两类,一类是用于表演的面具,主要在傩祭和傩戏演出中佩戴;另一类是用于悬挂用的面具,用作室内装饰以求避邪平安。在我国民间面具艺术产生与发展的漫长岁月中,面具艺术和乐舞、宗教、图腾崇拜,以及戏剧等民间艺术表现形式共同融汇,展现了民族文化习俗与生活情调。

在古代,人们对神明鬼怪和自然现象十分崇拜和敬畏,便效仿动物及神明妖魔等各种形象,并将其制作成面具戴在脸上,最主要的功能就是用来保护自身。时至今日,我们依然可以在民俗活动、戏剧,以及儿童玩具中看到制作精良的面具。随着时间推移,鬼神崇拜、宗教迷信的含义已经逐步淡化,相对来说,面具在艺术、娱乐方面的审美价值在日渐提高。在设计应用中,可以将传统面具中的形象和装饰进行提取、简化,将面具中夸张的部分进行弱化,与现代文化或人物神态特征相结合进行设计表现(图4-33、图4-34)。

图4-33 傩面具　　　　　　　图4-34 "千傩万态"系列纺织产品设计　邓江浩

五、柳编

柳编工艺经过长期的探索和积累,已日趋成熟,其作为民俗用品可分为两大类,一类为人们日常所用,另一类是祭祀专用或重大民俗节日所用。百姓日常所用的有柳编筐、笆斗等具有深厚民俗内涵的柳编器物,经过特别的处理后,都被人们赋予美好的寓意和内涵。柳编有着特殊的工艺价值。整体呈现的造型多种多样。选材自然,产品呈现出的编织纹理具有较强的审美特征,具有淳朴素雅的美感。柳编工艺品来源于民间生活,体现着劳动人民质朴的审美观念和精神品质,具有强烈的艺术特色。2008年6月7日,经国务院批准将柳编列入第

❶ 岑家梧.图腾艺术史[M].上海:学林出版社,1986:65.

二批国家级非物质文化遗产名录。

柳编的形成可追溯到旧石器时代早期，原始人在采集作物的生产活动中制作了各种容器和包装物，通常选择具有韧性的植物，通过初步掌握植物编织制作的技术，生产了各种形式的柳编制品。从奴隶社会到战国时期，柳编器具就已经被普遍使用，成为日常生活中不可缺少的工具。新石器时代出现了用柳条编制的篮、筐。春秋战国时期，用柳条编成杯、盘等，外涂以漆，称为杯棬。

柳编制品是我国民间广泛流传的手工艺品。这主要是因为该工艺的原料来源非常广泛，主要有柳枝、柽柳枝、荆条、桑条、紫穗槐条等多种原料，这些原料在盐碱地和沼泽地都有出产。柳编工艺的主要技法有平编、纹编、勒编、砌编、缠编五种。作为一种实用且具有主观审美的创造性活动，需要制作者对原料进行深入了解和娴熟应用，同时也是认识和利用自然规律的重要手段。柳编技艺是在长期的劳动实践中产生和发展的，每件工艺品的制作与流传，都是在劳作的过程中形成的，与一般的传统艺术相比，柳编造型观念的主观性更加突出，是民间实用技术和民间工艺美术的有机结合，也是实用和审美的有机结合。

柳编的材质和肌理特征是区别于其他草编的，整体质感略显粗糙，具有自己典型的特征。编织方法同样会影响柳编产品的肌理效果，在设计应用时可以提取柳编产品在不同编织技法下形成的不同肌理效果进行简化并组合运用，又或深入挖掘柳编工艺在编织过程中形成的结构特点，将其作为纹样骨格设计的灵感来源（图4-35）。

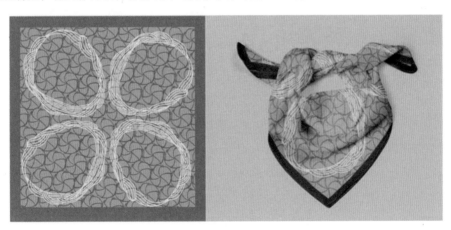

图4-35　柳编图案丝巾设计　李彬若

六、木版年画

木版年画，作为中国独有的民间艺术形式之一，是在漫长的历史岁月中随着过年民俗的演变而产生，并且伴随印刷术的广泛应用而发展起来。"年节风俗在庆丰收、祭祖宗、驱妖魔的习俗化过程中，也出现了年节装饰艺术，先是画鸡于户，画虎于门；而后又出现了神茶、郁垒之类的门神形象。"❶历史上，民间流传年画的主题内容随着时代的变迁而发生变化。木版年画的题材也是在满足大众需要的基础上，从最初的单一内容逐步丰富。在演化过程中，年画的内容和题材逐渐包罗万象，大多取材于民间广受喜爱的事物或者神话故事，又或者是新闻时事，以及带有福祥喜庆之征的事物。从大的方面"分为驱凶辟邪、祈福迎祥、戏曲传说、喜庆装饰、生活风俗五大类"❷。

在木版年画的应用上，可以将传统民间艺术形式与现代艺术设计表现进行结合，如设计师田东明设计的"桃花风物"品牌形象（图4-36），便是为桃花坞年画开发的文创品牌设计。

图4-36 "桃花风物"品牌形象设计 田东明

纺织品纹样设计立足于民间艺术，传承我国富有内涵的民俗文化，这些民俗文化在历史发展中已经形成了一种审美认同感、归属感，具有很强的文化凝聚力。在纺织品纹样设计表达中，应该形成专属的、具有民族特征的纹样设计产品，在多元文化的融合发展中，传承创新民间艺术文化，营造出别有情趣的氛围。纺织品纹样设计中对传统文化元素内涵的传承与创新，传达着人们对美好生活的向往与追求。民间艺术事物的形态，在历史的不断传承与创新中形成了各种各样的符号元素，从而满足人们不同的需求。随着技艺的不断进步与发展，传统的审美形态已然发生了许多变化，纺织品纹样设计也会与当下具有时代特征的诸多元素相结合，但其蕴含的内在美和寓意丰富的本质不会改变，只是以最符合当代大众的审美来呈现不同形式的装饰形态。

❶ 徐瑛婍.木版年画[M].重庆:重庆出版社,2019:18.
❷ 同❶.

在纺织品纹样设计应用时需注意以下几点：第一，捕捉民间艺术文化核心主旨与艺术特征并加以创新化传承。第二，彰显时代特征，结合当下文化及生活方式，巧妙地将民间艺术元素借助时尚、潮流设计语言加以诠释，以满足当代人的审美需求与情感诉求。第三，避免为了创新传承而忽略民间艺术的本质，使设计诠释流于形式。将民俗艺术题材应用于纺织品时，可以在流传下来的作品中进行二次设计创作，也可以运用民俗工艺的手法，表现当今流行风貌和展现当前的文化风貌。传承并发展中国民间艺术，是体现我国文化自信的重要手段之一。产品的最深层次体现的是其内在文化性，从民间艺术的文化性可以看出，这种文化性深深地根植于每个国人心中，民间艺术是民族本性及其表现的集中体现，更是文化发展的核心和基础。

第四节　纺织品纹样与现代艺术

20世纪涌现了众多的艺术风格，诸如涂鸦、波普、漫画、插画、欧普、分形、摄影等，这些艺术表现形式及艺术风格都是现代艺术发展的产物。随着时代的发展，信息技术的愈加成熟，这些艺术风格元素也被大量应用于纺织品纹样设计中，不同艺术风格的经典作品也开始通过纺织品纹样这个载体向大家呈现出来。

一、涂鸦艺术

涂鸦（Graffiti），是指在公共、私有设施或墙壁上的人为地、有意图地标记或涂画，起源于20世纪60年代的纽约贫困街区，居住在该区域的年轻人在街区的墙面上胡乱涂画图案和符号，之后逐渐演变为街头艺术的一种表现形式。近现代，多元化艺术越来越被人们广泛接受，其中涌现出了一大批优秀的涂鸦艺术家和涂鸦作品，诸多具有涂鸦风格的绘画作品逐渐出现在各种载体上。涂鸦艺术在不知不觉间影响着人们的审美准则，甚至引领着潮流时尚。随着涂鸦和现代艺术、街头潮流相互交融，现如今已成为现代艺术的分支，被无数艺术爱好者所喜爱，也成为设计师较为青睐的设计题材。

（一）涂鸦插画

涂鸦有着粗犷、飘逸的画风，创作者通过抽象的图形，恣意地抒发着内心畅想。纺织品也逐渐成为涂鸦设计表现的载体，如迪奥男装系列（Dior Homme Fall）2021联名涂鸦艺家肯尼·沙夫（Kenny Scharf）推出了系列男装设计（图4-37），并将涂鸦艺术图案作为元素进行了店铺主题陈列。

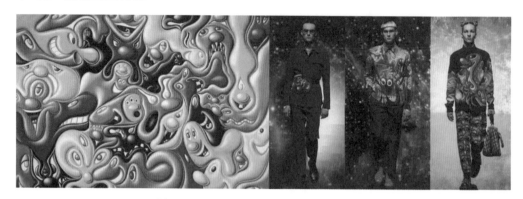

图4-37 迪奥男装系列×肯尼·沙夫男装设计

（二）街头涂鸦

街头涂鸦是街头文化的一部分，这些涂鸦图案代表着年轻、潮流，能够满足多数年轻人追求潮流的需求。纪梵希度假系列（Givenchy Resort）2022将涂鸦文化与现代工业风格进行融合，还融入了墨西哥艺术家Chito设计的街头涂鸦的典型表现方式——喷枪涂鸦。图案的运用凸显了趣味性和潮流感，也具有街头风格的典型视觉特征（图4-38）。

图4-38 纪梵希度假系列2022

（三）涂鸦文字

在数字媒体时代前，手写字曾经是信息文化传递的主要载体。早期，设计中的文字大多是以手写字体的形态进行呈现，直到印刷字体的问世，手写文字在设计中的应用逐渐减少。

涂鸦文字作为涂鸦艺术的重要组成部分，是一种随意性和个性化的表达，在设计应用时，涂鸦文字可以随着视觉设计创作的形式而呈现出截然不同的特性，既能质朴拙气，又能奔放激情，书写的灵活性可以给设计创作带来全新的视觉体验和生命力（图4-39～图4-41）。

图4-39 维多利亚·贝克汉姆 （Victoria Bedeham）2020春夏　　图4-40 万灵药（Mithridate）2022春夏　　图4-41 博柏利度假系列2020

（四）涂鸦线条

涂鸦线条是以动态笔触为灵感，随手轻触的笔触，带着涂鸦的趣味性和随意感。不同绘画工具带来的不同质感，也极具装饰效果。线条的粗糙或细腻，呈现出的视觉效果都会有所不同，但是其共同点都具有较强的视觉冲击力，能够通过视觉传递给人涂鸦艺术的精神（图4-42～图4-45）。

图4-42 艾达·吉姆斯（Edda Gimnes）2016春夏　　图4-43 莫斯奇诺（Moschino）2019春夏　　图4-44 三宅一生（Issey Miyake）2020春季

图4-45　邦妮&尼尔（Bonnie & Neil）海滩系列

二、波普艺术

波普艺术（Pop Art）是20世纪60年代对消费主义空前的视觉反应，它的图像被借用于大众媒体的广告中并在全世界流行。这种平易近人的风格吸引了许多欧洲年轻艺术家的想象。波普艺术是一个反对现代设计的设计运动，反对现代设计的重功能、重理性、严谨、讲求完美、整洁、高雅、形式单一的传统，波普艺术追求大众化，强调设计趣味的新颖，强调客观的可消费性和即时性。波普艺术深入到日常生活中，产生了独特和可识别的图像，为波普艺术提供了更广泛、更时尚的设计灵感。安迪·沃霍尔（Andy Warhol）将玛丽莲·梦露（Marilyn Monroe）的头像运用丝网印刷的方式加以重复排列，并大胆运用夸张的色彩进行渲染表达，以重复性的张力和视觉冲击力创作出波普艺术最具代表性的作品之一（图4-46）。

图4-46　玛丽莲·梦露　安迪·沃霍尔

波普艺术风格不是唯一的、固定的，而是由多种风格组合而成，不仅迎合了大众趣味，而且还有着独有的魅力。在纺织品纹样设计表达上，波普艺术可以在设计上强调创新和独特，通过强烈明快的色彩构成风格主体，在视觉方面的效果非常突出。在元素运用上，将许多年轻群体的用品和喜好融合进来，从而展现独特的风格，比如休闲食品包装等。因此，波普艺术的应用不仅可以在视觉上丰富纺织品的装饰效果，还可以丰富消费者的精神世界（图4-47～图4-49）。

图4-47 莫斯奇诺（Moschino）2014秋冬

图4-48 范思哲（Versace）2018春夏

图4-49 "寻迹"系列纺织产品设计 温俊祥

三、漫画艺术

漫画（Cartoon），是我们较常见的艺术，深受大家的喜爱，人们把漫画称为没有国界的世界语。其魅力在于本身所具有的趣味性。趣味，也正是漫画艺术性和思想性的结合点，凸显了漫画作品的艺术价值。

漫画作为视觉艺术，运用于纺织品纹样中能够体现其审美价值。在审美方面，主要以突出构思、概括性强、画面简洁的简笔画为表现形式，通过简洁的画面表达出明确的主题和丰富的思想内涵。在视觉方面，主要注重艺术性、叙事性强，通过细致入微地描绘，强化了视觉艺术效果，营造出一种非现实的虚拟场景，引起人们的欣赏兴趣，从中体会作品的主题和思想内涵。按照篇幅分为单幅漫画，四格漫画，连环漫画等不同的形式，可以根据漫画的排版来进行设计应用（图4-50～图4-52），又或者通过对漫画中二次元的表现进行设计应用，将原本纺织品中的立体结构通过二维的形式进行展现（图4-53～图4-55）。在纹样设计应用中，也可与传统文化内容相结合，图4-56的漫画应用作品借百鬼夜行的传说，赋予青铜器文物活化的动态形象，结合漫画的分镜表现形式，再加上波普艺术的风格化语言，使纹样整体符号化印象加强，图案更具有趣味性的特征。

图4-50 加利茨基（Galetsky）2015春夏

图4-51 普拉达（Prada）2018春季成衣

图4-52 津森千里（Tsumori Chisato）2015秋季成衣

图4-53 Jump From Paper包袋设计

图4-54 汤姆·布朗（Thom Browne）2017春季成衣时装秀

图4-55 古驰2016春季成衣

图4-56　"进化时代"系列纺织品纹样设计　王一博

四、插画艺术

插画（Illustration），是一种用图形语言作为信息传达的艺术形式，是为文字做的辅助图形，主要用于对文字进行补充说明，达到有效传达信息的目的。插画艺术具有悠久的历史，从古至今，插画在人类的社会生活中都扮演着重要的角色。插画是超越语言和主题的表现艺术，在设计中体现视觉交流的普遍化。传统的插画通过画面，表达与文字平行或互补的内容，帮助读者在阅读的过程中更好地理解文字内容，增加文字的视觉感和艺术氛围。现代插画艺术的应用领域十分广阔，遍布商业、科技、文化等社会生活的各个方面。其功能不但能突出主题思想，还有极强的艺术感染力，是最直观的视觉传达。随着数字时代的到来，"数字插画不仅可以提高效率，而且扩展了创作思维，以前用传统绘画材质难以表现的想象场景，用数字技术可以得到展现。特别是随着网络和移动媒体的深入发展，插画作品的展示舞台已不再局限于传统的杂志、书籍、报纸，而是延伸到网络论坛、手机、博客和微信等一些新的文化载体中。"❶插画装饰效果较强，在一定程度上可以提升产品的附加值，也可以迎合当代的市场需求和消费者的审美需求，插画艺术的应用可以使纺织产品更具生命力和艺术特质（图4-57～图4-59）。

---

❶ 李四达.艺术与科技概论[M].北京:中国铁道出版社,2019:281.

图4-57 "遇见刺桐城"系列纺织品设计 钟雅莉

图4-58 杜嘉班纳（Dolce & Gabbana）
2016春季成衣系列

图4-59 斯特拉·简（Stella Jean）2015春季成衣系列

五、欧普艺术

欧普艺术（Op Art），指的是利用人类视觉上的错视所绘制而成的绘画艺术，因此欧普艺术又被称作"视觉效应艺术"或"光效应艺术"。它主要采用黑白或彩色几何形体的复杂排列、对比、交错和重叠等手法，造成各种视觉错乱的效果。

欧普艺术的出现，源于人们的感知、幻觉，以及对光学效应的痴迷。欧普艺术是动态艺术，可以利用图案使观者感到丰富的视觉变化，或以二维的平面来展示三维的空间。虽然图案是静止的，但是会在视网膜上造成移动的幻觉，产生视知觉的运动感和闪烁感。欧普艺术多以纯抽象的几何形式表达科学的理性思维，比如利用波纹、残像和需要眼睛费力才能看清楚的事物，甚至利用使人产生视觉幻觉的图像，来探索各种光学现象，利用视网膜的错觉创造各种视幻效果，并运用光色的原理，探索色彩的组合变化，从而达到视觉上的亢奋。欧普艺术是将科技整合入了艺术，重视视觉效果，突出受众参与的理念，也强调感官体验和心理反应，这些都影响了当下艺术家和设计师的创作（图4-60、图4-61）。

图4-60　帕科·拉巴纳（Paco Rabanne）　　　图4-61　艾米莉亚·格雷厄姆（Amelia
2023春夏　　　　　　　　　　　　　　　Graham）70年代系列

　　在设计应用方面欧普艺术也可以使纹样具备文化性的体现，将现代艺术形式与传统文化内容相结合，在玛丽·卡特兰佐（Mary Katrantzou）2017春夏系列服装设计中，将欧普艺术元素波纹等结合古希腊传统壁画进行设计应用，体现了古今艺术文化的碰撞。在工艺方面，结合数码印花图案的走向，运用不同肌理的材质，使服装整体视觉效果更加丰富（图4-62）。

图4-62　玛丽·卡特兰佐（Mary Katrantzou）2017春夏

六、分形艺术

分形艺术（Fractal Art）和分形几何相关，分形几何学又被称为"大自然的几何学"。通俗地说，数学分形就是研究无限复杂，但具有一定意义的自相似图形和结构的几何学。具体实现方法可以用算法或软件，对分形几何图案进行局部放大，对放大后的区域进行着色并加上后期处理。分形艺术是自然科学与艺术的融合，数学美与艺术美的统一，在海岸、山脉、植物的花瓣或叶脉当中，甚至人体各种组织器官当中都可以找出分形几何学的内容（图4-63、图4-64）。

图4-63 三即四（Three as four）
2022春夏

图4-64 三即四（Three as four）
2012秋季成衣

七、摄影艺术

摄影（Photography）在当代是一个重要视觉信息传播媒介，其视觉信息的传递具有以下几个特性：能够反映现实客观的影像；能捕捉事物的瞬间，使之永久保存；具有直观生动性。在纺织品纹样设计中，采用拍摄造型手法可形成具有强烈艺术感染力的视觉画面（图4-65～图4-67）。

随着科技的发展，摄影逐步取代写生，成为设计者日常收集和积累设计素材的手段之一，是图像信息采集的重要工具。根据所采集的图像信息，进行艺术创作再加工。将两组或多组不同的图像信息通过计算机图像处理，如在形态上使用镜像、重复、融合等手法，将收集到的图像信息进行图案化的加工和处理，使所收集的图像信息产生新的图案化效果并形成新的艺术风格（图4-68）。

图4-65　艾丽丝·霍洛（Ellis Hollow）摄影作品

图4-66　布兰登·麦克斯韦（Brandon Maxwell）
2023时装

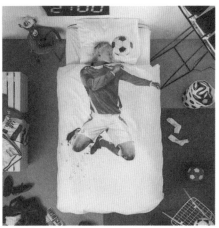

图4-67　Snurk足球冠军儿童床品

图4-68　摄影艺术图案纹样设计　郭昇权

进入21世纪，随着人们思想观念的进一步解放，物质生活的品质日益提升，人们对艺术的追求也日渐增加，尤其是对日常实用性较强的纺织品，越来越注重审美性和装饰性。当代艺术的多种形式，融入了艺术家们独特的思想与美学认知，赋予了纺织品纹样设计更多的艺术风格。现代艺术是社会的潮流与风向标，不断拓展着纺织品纹样设计的空间。

第五节　纺织品纹样与数字媒体艺术

随着数字媒体技术的日益发展与更新，数字化的表现手法已经涉及设计领域的各个方面。对于设计而言，数字媒体艺术为设计添砖加瓦，纺织品纹样设计同样也需借助数字媒体技术不断发展成熟。数字媒体技术以其科技化、创意化的表现手法，为艺术图案的创作提供了较为便捷的途径。通过数字化设计，可以极大地降低设计成本，同时也利于设计师对纺织品纹样设计的不断调整，提高设计应用的效率，这为设计创造了有利的环境。数字媒体艺术在纺织品纹样设计中，不仅在绘图、制图、设计方面拥有优势，还能为传统纺织品元素设计注入新的活力。

一、赛博朋克

赛博朋克（Cyberpunk），由赛博和朋克二词组合而成。赛博即控制论，是一种生物与科技相结合的理论。朋克是一个带有反叛气息的摇滚乐流派。时至今日，朋克早已经超越了音乐的范畴，成为一种挑战主流，主张自我的价值观。赛博朋克其实是科技沦陷生活的假想，而这种假想也是对科学发展的幻想。主要反映在高科技低生活的状态，具有一定反乌托邦的体现。在赛博朋克的科幻世界中，机械外骨骼、人工智能等科技感体现强烈，整个城市都充斥着赛博朋克的蓝、绿、紫的色彩基调，霓虹闪烁、五彩斑斓。较为典型的影视作品有《银翼杀手》《头号玩家》《攻壳机动队》。赛博朋克的色彩美学，以冷色调为主，加上局部的暖色调装饰，产生高对比度、高饱和度但低亮度的视觉特征，渲染出独特的神秘和阴郁氛围。它们的出现并不只是美学意义上的，还有深层次的内涵。这种充满冲突性、矛盾感的混搭配色，也是赛博朋克的哲学反思在视觉上的体现（图4-69）。

图4-69　赛博朋克艺术风格纹样设计　郭昇权

二、蒸汽波艺术

蒸汽波（Vaporwave），
起初是2010年前后北美音乐
人创造的音乐风格流派。风
格基本上是怀旧的，体现对
旧时光的怀念和对复古音乐
的致敬。蒸汽波是一种混搭
了复古元素与未来科技感的
表现形式，有着20世纪80
年代冷科幻风格的元素，整
体音乐元素像80~90年代迪
厅的迪斯科（Disco）舞曲，
是通过对老音乐的剪贴、拼
贴分层呈现的。在材料方面
（图4-70），"镭射"是体现
蒸汽波艺术的常见设计元素，
也被称为Holographic（全息

图4-70　梅森·马丁·马吉拉（Maison Martin Margiela）
2018时装

渐变）。是在不同角度的光照下，呈现出不同的色彩变化，这些色彩具有金属般的光泽，变化的色彩效果会让人产生迷幻的视觉感受，具有一定的视觉吸引力，符合当下青年对潮流文化的需求。

蒸汽波艺术的图像中充满了各种超现实主义的艺术特色，在艺术风格上的体现，如使用低像素Win95的开机Logo、老式电脑的弹窗、粗糙的动画和带有明显错位的故障元素，此外，采用切断、扭曲、分层、循环等视觉元素，在设计上互相糅合。还会使用古希腊的雕像和椰树果汁、棕榈树和明媚的阳光，以及高饱和度的粉、蓝、紫等配色，来营造迷幻的氛围。

在图案设计方面，可以将蒸汽波艺术风格中的特点结合场景插画的形式进行表现，如以海岸线出现的"蓝眼泪"为灵感，将"蓝眼泪"海岸的场景作为设计点，对其进行解构重组和抽象变形，以点、线、面的形式表达出来，整体色彩的运用和画面整体营造出的氛围，能够体现出蒸汽波风格的特点，符合现代审美和时尚潮流，给人一种不同于往常的现实感（图4-71）。

图4-71 蒸汽波风格纹样设计 王雪瑶

三、数码拼贴艺术

数码拼贴（Digital Collage）起源于拼贴艺术（Collage Art），拼贴艺术通常被认为始于20世纪初毕加索和乔治布拉克的尝试，毕加索曾把一块油画贴入其作品《藤椅上的景物》中（图4-72）。但实际上，拼贴艺术更早起源于中国造纸术的发明。随着时代的发展及设计应用的更新，数字技术逐渐普遍应用于拼贴艺术的表现手法当中。通过对图片数字化的处理，人们可以在计算机和手机软件上实现拼贴设计实践。

拼贴是视觉艺术的一种形式，主要是关于不同材料或来源的组合创新，通过切割粘贴

或拍摄图像和肌理并将其拼接使用。其素材
内容不受限制，打破了传统创作方式，模糊
了艺术中真实与幻象的界限。相对于传统的
设计作品单一的设计风格而言，数码拼贴具
有极大的自由性，设计者能够根据个人的审
美观念来进行创意创作，为纺织品纹样设
计开拓了十分广泛的审美空间（图4-73～
图4-76）。

图4-72 藤椅上的静物 毕加索

图4-73 卡纷（Carven）
2013时装

图4-74 玛丽·卡特兰佐
2019时装

图4-75 杜嘉班纳
2019时装

图4-76 普拉达2019春夏

数字化设计手法给纺织品纹样的设计带来了一定的改变，纺织品图案设计数字化的实现，极大地改善了传统纺织品纹样的设计思路，大大增强了纺织品纹样的传播效应，丰富了现代纺织品纹样设计的表现手法。以数字媒体作为技术手段，通过计算机辅助绘图，设计师可以在以往传统设计的图形基础上，对图案进行再设计、再渲染，体现当下流行文化的多元化。在我们的日常生活中，纺织品的设计需要趋向时代潮流。运用数字媒体技术，可以对最新最流行的数字媒体艺术内容进行分析和利用，以扩宽设计表现手法，提升纺织产品的内涵和价值。数字化设计形式十分新颖，其风格特征能与时代接轨，满足了现代纺织品时尚化、个性化的发展要求。在进行纺织品纹样设计时可以使用专业的设计软件和先进的设计理念，使纺织品纹样设计表现手法更加多元，更为形象，更具数字时代的艺术感。

⑦ 课后思考

1. 如何将民间传统艺术形式融入设计实践中，达到传承与创新的目的？

2. 学习民间艺术形式的意义是什么？在设计实践中怎样体现民族性与时代性？

3. 思考现代艺术在纺织品中的应用环境。

4. 西方现代艺术的本质与特征都有哪些？

5. 如何扩宽纺织品纹样设计的表达方式？

6. 思考漫画和插画艺术的区别。

📖 延伸阅读

1. 李四达. 数字媒体艺术概论 [M]. 北京: 清华大学出版社, 2012.

2. 盖山林, 盖志浩. 中国面具 [M]. 北京: 北京图书馆出版社, 1999.

3. 季中扬. 民间艺术的审美经验研究 [M]. 北京: 中国社会科学出版社, 2016.

4. 赵农. 民间艺术概论 [M]. 西安: 陕西人民美术出版社, 2011.

5. 雅克·德比奇（J.Debichi）. 西方艺术史 [M]. 徐庆平, 译. 海口: 海南出版社, 2000.

6. 段卫红, 张翔, 张利丽. 中原传统民间艺术研究 [M]. 北京: 中国轻工业出版社, 2015.

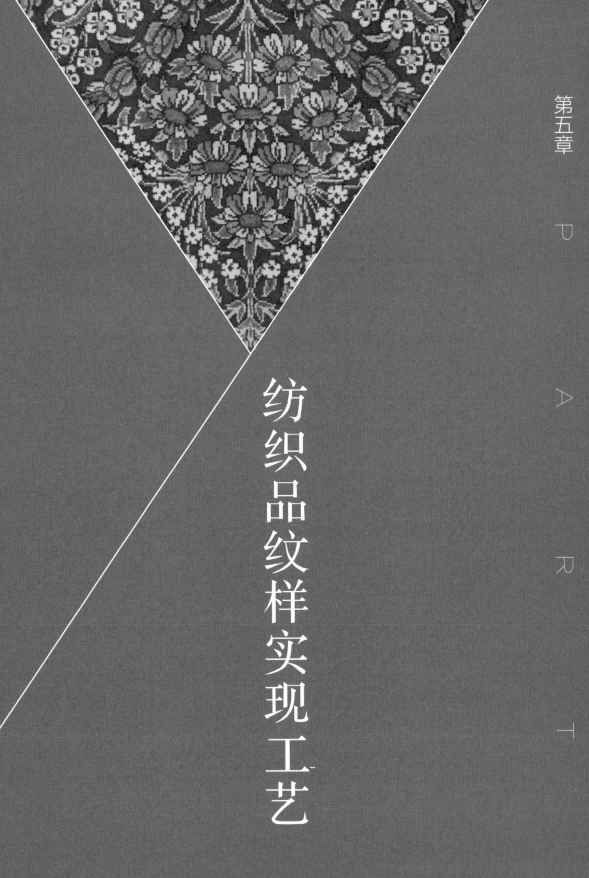

纺织品纹样实现工艺

本章重点： 本章学习重点在于帮助学生认知印染、编织、刺绣等纺织品纹样实现工艺，熟悉各类工艺工具、掌握基本工艺技法，了解新技术、新工艺，为后续深入应用纺织产品、面料创意设计等奠定基础。

本章难点： 本章学习难点在于在理解传统技法的基础上，根据实习工艺技术的发展趋势，把握纹样与面料产品相辅相成的关系并加以灵活创新应用。

　　纺织品纹样的实现工艺形式丰富，各具特色，传统的印染、织花、刺绣等随着人类文明的发展历史不断进步。现代新技术、新材料的迅速发展使纺织品纹样的实现工艺异彩纷呈，纹样设计与实现工艺相辅相成又各具特色，顺应着人们多元化的需求而创新发展。了解和掌握纺织品纹样实现工艺的特点，对于纺织品纹样设计由纸面转化为面料产品选择何种工艺，最大限度地呈现纹样效果具有指导性意义。同一纺织品纹样方案，若实现工艺不同，其视觉面貌呈现亦不同。本章针对纺织品纹样不同类别实现工艺的技术现状、工艺原理、应用案例等进行简单介绍，帮助大家认知工艺，为后期纺织品纹样的实现工作提供参考。

第一节　纺织品印染工艺

　　我国印染技术历史悠久，可追溯到六七千年前的新石器时代。我们的祖先使用赤铁矿粉末在麻布上染出红色，到汉、唐时代印染技术已发展到相当高的水平。我国"十一五"规划推行节能降耗、绿色环保的理念，转移印花、数码印花等科技手段应运而生，印染技术的发展不仅体现了我国各历史时期劳动人们的智慧，也反映出不同时期人们的审美和需求，通过精湛的手工技艺，增添了印染的情趣效果，凸显了感性和人文底蕴，不仅体现了艺术上的造诣，更体现了世代传承的积淀，秀美的材质、丰富的表现技巧，充分表现了我国传统印染工艺中的精神底蕴和文化内涵。[1]印染工艺在传统与现代的交织中依然以其独有的优势浸润着当下人们的生活。

[1] 刁伟军.关于传统印染工艺与现代印染技术的探讨[J]科技创新与应用,2013(18):2.

一、印染方法

纺织品印花的方法、工艺、材料多种多样，这是由相应的设备、原理所决定的，而纹样的形成过程与展示效果，与以上各个环节都有着密不可分的关联。随着印花技术、材料的不断更新发展，印花方法的种类愈加丰富，印花纺织产品所展示出的视觉效果不断优化，产品品类也在日益充盈着人们的生活。

印花方法的种类，是根据织物印花采用的不同技术设备之间的区别进行划分的。典型的纺织品印花方法有如下几种：

（一）模版印花

模版印花是一种原理简单且比较简陋的印花方法。模版印花是在木模（或钢模）上刻出凹凸的花纹，使其形成花版，然后采用盖印图章的方法，将蘸上染料的花版压印到纺织品上，从而获得纹样（图5-1）。这种相对原始的印花方法弊端比较多，如在批量化生产及多套色印花的情况下，劳动强度大，生产效率低，印花的对版也相对困难。目前，模版印花基本已被淘汰，但作为一种可以说明织物印花原理的简单工艺形式，了解它仍有非常现实的意义。

图5-1 凸版印 沙克希（Sakshi）

（二）型版印花

型版印花方法首先是在纸板、金属板或PVC材质的版材上雕刻出镂空的纹样，[1]形成印花的花版，然后将花版覆盖于待印花的纺织品表层，再将调制好的染料色浆涂刷于花版的镂空处，从而获得花纹（图5-2）。这种印花工艺，由于受到纹样大小和工艺变化范围的较大限制，同样不适用于规模化、批量化生产。目前，只有少数手工印花厂用这种方法印制手帕、头巾、毛巾等小规模、小规格的纺织产品。

（三）滚筒印花

滚筒印花技术是在20世纪70～80年代用于纺织品印花的主流方法。滚筒印花是采用刻

---

❶ 刁伟军.关于传统印染工艺与现代印染技术的探讨[J].科技创新与应用,2013(18):2.

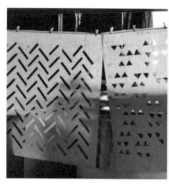

图5-2　品牌包袋　滕贝（Tembea）

有凹形花纹的铜质辊筒制成花版，通过施压，在纺织品上完成印花的方法（图5-3）。滚筒印花机的形式也比较多，有立式、斜式、平式、放射式等。滚筒印花工艺产量高、成本较低，适合印细的纹样效果。但滚筒印花常常受到花型的大小及套色数量多少的限制，印制的织物幅宽比较窄，印制的色彩浓艳程度也不理想，存在很多缺陷。从目前比较普及的纺织品印花生产角度看，滚筒印花已经不再是主流的、精细纹样效果的印花方式了。

（四）筛网印花

筛网印花方法是使印花色浆透过筛网表面的镂空纹样部分，压印在织物上的工艺。是当代纺织印花产品机械化、批量化生产的主要方法之一，是被人们广泛采用的技术（图5-4）。筛网印花方法的种类又分筛框（平版网）、筛辊（圆网）两种。筛网印花中的平版筛网印花，又分为手工平版筛网印花和机械平版筛网印花两种。筛网印花工艺有明显的传统镂空版印花工艺的特征。

图5-3　滚筒印花机

（五）转移印花

转移印花是将事先印制在特制纸张上面的花形纹样，利用热

图5-4　热转移印花机

压等不同的方法，转移压印到织物上的工艺（图5-5）。转移印花同样是现代纺织印花产品生产领域中相对便捷、运用也较为广泛的印花方法之一。

图5-5　热转移印花机

（六）数码印花

数码印花是指运用数码技术进行的印花，是计算机技术和传统纺织品印花技术结合的产物。它借助于数码设备的软件和硬件，直接利用电子图形文件即可进行和完成纹样印制操作的技术（图5-6），工作原理与喷墨打印机有一定的异曲同工之处。数码印花的高效低成本在快速多变的纺织品市场具有一定的优势，使用数码印花生产的面料纹样具有丰富绚丽、多变实用的视觉效果（图5-7、图5-8）。

目前的数码印花方法大致有两类，一类是数码直接印花，另一类是数码转移印花。

图5-6　蒙娜·丽莎（Monna Lisa）8000工业纺织直喷数码印花机

1. 数码直接印花

数码直接印花也称数码喷射印花，是利用数码喷射机将染料直接喷射在织物面料上形成纹样的印花方法。

2. 数码转移印花

数码转移印花即利用图形喷绘机将染料喷印在转移印花纸上形成纹样，再利用热转移烫印机将转移印花纸上的纹样转移印制到织物上的间接印花方法。

（七）其他印花方式

在不同类别纺织品印花

图5-7　数码印花（一）威廉·基尔伯恩（William Kilburn）

图5-8　数码印花（二）拉菲·中国（La Fee Chinoise）

技术的应用中，由于印花过程中所采用的染料不同、面料不同，具体的印花方式与印花过程也会有所不同。除主流印花方法之外，还有许多其他的印花方式，比较典型的有以下三种。

1. 直接印花

直接印花是在白色或浅色织物上，直接印上各种颜色的印花色浆（染料），再通过不同的后处理过程得到所需要的纹样（图5-9、图5-10）。手绘、植物拓印、雕版印等都属于此类应用。

图5-9　雕版印花作品　黄芳

图5-10　手绘作品　水上（Mizu Kameee）

2. 拔染印花

拔染印花方式包括了两个类别：色拔和拔白。色拔印花是先将需要印花的织物染色，再进行印花的方式。印花色浆中含有能够破坏织物事先染成底色的药剂和染料，同时色浆自身又能够在织物上上染着色；拔白是另一种拔染印花的方式。是采用特殊的印花浆料，浆料中并不含有染料，这种浆料助剂仅仅可以用来破坏事先染好的坯布底色，使染过底色的织物上印制特殊浆料的花型部位重新变成坯布原有的颜色（图5-11、图5-12）。

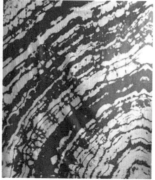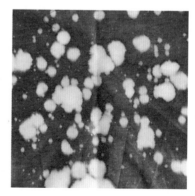

图5-11　拔染印花（一）　摩雅（Moyaya）　　　　图5-12　拔染印花（二）　鲍礼媛

3. 防染印花

防染印花方式是首先在织物上印上能够防止染料上染的印花色浆，这个防止染料上染的部分通常就是纹样的部分，然后再进行织物的染色，从而保留不被染色的纹样（图5-13）。在一种印花色浆内加入能够防止另一种色浆在叠印时发色的助剂，这种工艺也是防染印花的一种方式。[1] 蜡染、型糊染等均属于此类。

图5-13 蜡染、型糊染作品 元植艺术

二、传统手工印染工艺

我国传统手工印染工艺来源于民间，融合了劳动者的智慧结晶，散发着淳朴气息，民族情感和个人气质在传统的手工印染工艺中得到了淋漓尽致地发挥，其具有浓厚的艺术特色。我国传统的印染工艺以其独有的审美特色、艳丽色彩、丰富的装饰效果深深地吸引着每一个欣赏者，充分体现了劳动人民的精湛技艺。

不同的印染工艺，所需的材料、工具、技法各不相同。现代生活中常见的传统手工印染工艺有蜡染、扎染、夹染（三缬，"缬"是传统印染工艺中对防染印花品的统称）、雕版印、草木染、植物拓印、植物热转印等，这些传统印染工艺一直活跃在人们的生活中、视野中，既保留了古老的精髓，又融入了现代的时尚气息。随着近些年DIY（Do It Yourself）理念进军现今人们的生活，以及倡导民间艺术传承创新的风尚，无论是大学、中学、小学、幼儿园，还是社会体验店，抑或是网络社交平台，各类传统艺术形式在诸多设计师、工匠、手工爱好者的群体内历经平民化演绎、发酵。以下将从生活化的角度对常见的印染形式及其所需材料、工具、工艺进行简单介绍。

（一）蜡染

蜡染又称蜡缬。其方法是先用蜡在织物上绘出图案，然后在常温下染色，最后用沸水煮去蜡即成。由于蜡凝结收缩或搓揉叠压后会产生许多裂纹（也称其为冰裂纹或蜡裂纹），染料渗入裂纹便形成了生动、自然的花纹。这也是蜡染独有的装饰特色。蜡染可分单色染和多

---

[1] 王利.印花纹样设计与应用 [M].中国纺织出版社,2017(1):6-9.

图5-14 蜡染作品

色染工艺（图5-14）。

1. 蜡染的工具材料

（1）面料

蜡染的面料以天然纤维棉、麻、丝、毛，以及粘纤类为主。运用最多的是棉布，一般用材较厚，棉布的适用范围较广，制作方便。

（2）蜡

蜡是蜡染工艺中必备的材料。常见的种类一般有石蜡、木蜡、蜂蜡。石蜡是矿物合成蜡，为白色的透明固体，熔点较低，在58～62℃，黏性也小，容易形成蜡裂纹，同时也容易脱蜡，是画蜡的主要材料。蜂蜡也称蜜蜡或黄蜡，是在蜜蜂巢中提取出来的，一般为黄色的透明固体，性质与石蜡相反，黏性很强且不容易碎裂，多运用于蜡染画线，熔点在62～66℃。

（3）松香

松香是在蜡液中混合使用的一种为了使蜡染增加细小冰裂纹的材料，但不可多加，否则蜡在面料上容易松碎剥落。蜡染的染料一般为低温型染料，因为蜡的熔点低，不能在高温中染色。一般常用的低温染料有活性X型、纳夫妥染料、还原染料，这些染料一般只用于染棉布。如果用于真丝面料，则适合用酸性染料。酸性染料需要高温染色，这就需要采用特殊的蜡染工艺，通过高温蒸化，固色处理后才能达到理想效果[1]（图5-15）。

2. 蜡染的方法

蜡染作为一种防染工艺，通常是根据设计需要用铜刀等金属器具蘸着加热融化的蜂蜡或石蜡将图案点绘或皴画在棉、麻、丝等天然纤维织物之上，而后将画好蜡的织物放入较低温的靛蓝染料缸中浸染五六天。染色后将织物取出，蜡封之处经沸水清洗后即显示出织物本色的花纹图案，与被染部分的蓝色形成分明的反差，需要注意的是，织物染色深浅度与浸泡次数有关。"在染色过程中，由于蜡凝结收缩或揉搓后会产生许多裂纹，染料渗入裂纹形成了自然的纹理，称为'冰裂纹'，这是蜡染独有的装饰特点。"[2]此外，亦可在织物留白染色的区域上绘制其他色彩，以呈现更为丰富的视觉效果。

（二）扎染

扎染是中国传统的手工染色技术之一，在古代也称为扎缬、绞缬，属于比较常见的纺织

❶ 鲍小龙,刘月蕊.手工印染艺术设计与工艺 [M].上海:东华大学出版社,2018:11-12.
❷ 赵冠华,王雨婷.中国传统纹样蜡染服装的创新设计与应用[J].印染,2022,48(4):90-91.

品防染印花种类。是汉族民间传统而独特的染色工艺。通过将织物的一部分捆扎之后投入染缸，使其不能着色而形成独一无二的图案。扎染技法多变，易操作，极具实用性与趣味性（图5-16）。

1. 扎染的工具材料

（1）面料

扎染所使用的面料多以轻薄的棉、麻、丝、毛为主，具有较好的吸湿性，易于后期上色。

（2）染料

扎染时，纯棉织物适合直接染料，真丝织物适合酸性染料。

图5-15　蜡染茶席、杯垫　于茵

（3）绳线

捆扎面料适合用牢度较强的棉纱线、蜡线、锦纶线等。

（4）染锅

扎染一般使用大小适宜、耐热的不锈钢或搪瓷容器。使用煤气炉、电磁炉等作为加热炉。

图5-16　云洗山家居展厅

（5）其他辅助工具

扎染时还会使用缝衣针、手套、透明胶带、夹板、剪刀、拆线器、量杯、温度计等。

2. 扎染的方法

扎染的手法千变万化，根据创作需要、成品效果，一般可分为缝扎法、打结法和折叠法。

（1）缝扎法

预设的图案以缝线的方式抽缝固定，走线形式可以是点、线、面、体（塔形），不同的抽缝数量、长度、面积，做不同的后期设计加工，缝扎出的效果各不相同（图5-17、图5-18）。

图5-17　缝扎染法地平线下的陈设

图5-18　缝扎法作品　鲍礼媛

（2）打结法

将面料以随意或刻意的方式进行打结、盘卷、捆扎（图5-19），所针对的部位、数量、面积大小、手法等均可自由发挥而增加作品的丰富多样性，使扎染成品具有张扬随意的感染力和不可复制的即兴魅力（图5-20）。

 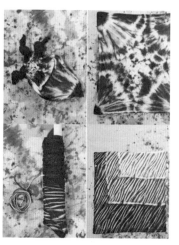

图5-19　扎染方法（一）　　　　　　　　图5-20　扎染方法（二）

（3）折叠法

面料沿经纬纱向或对角线等方向对折固定的扎染方法，通常使用的有九宫格式、米字格式、盘折式等折叠法（图5-21）。折叠次数、层次、先后顺序决定着成品的图案效果，多呈现为方形、三角形等几何图案（图5-22、图5-23）。

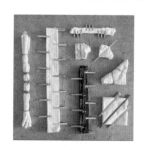  

图5-21　折叠扎染法　　　　　图5-22　折叠扎染效果（一）　　　　图5-23　折叠扎染效果（二）
布里·斯梅尔茨（Brie Smeltz）　　保洛伊·乔杜里（Pallay Chaudhry）　　李彬若

扎染手法多种多样且随机性较强，由于布料、染料浓度、工艺技法、蒸煮时长的不同，以及缝扎、打结、夹板松紧等因素对染料的浸入产生一定的影响，从而产生不计其数、变幻莫测的成品效果。在创作扎染作品时，往往会用到多种手法结合的制作方式，融入其中的不仅有娴熟手法与丰富经验，同时不乏奇思妙想。借助各种工具、条件，诞生出美轮美奂的、带有个人风格的扎染作品（图5-24~图5-26）。

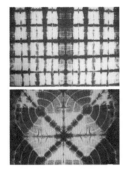

图5-24 扎染作品（一）
保洛伊·乔杜里（Pallay Chaudhry）

图5-25 扎染作品（二）
阿德里亚娜·恩格拉西
亚（Adriana Engracia）

图5-26 扎染家居产品
林芳璐

（三）夹染

夹染也称"夹缬"，是指"直接操作夹版夹持纺织品，利用二版夹紧处防染，未夹紧处染色"的一种防染工艺，是利用木版之间的物理挤压，使木版与面料接触的部分无法染色，将木版上雕刻的纹样通过物理防染手段显现出来的一种防染手段[1]（图5-27）。

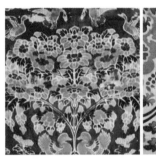

图5-27 唐代夹缬

夹染代表工艺蓝夹缬是我国雕版印染、印刷的源头，已有150多年的历史。它以板蓝根的植株所制的蓝靛为染液，至今在瑞安市、乐清市、苍南县均得到较好保护和传承，2011年，蓝夹缬被列为国家级非物质文化遗产保护项目（图5-28）。

图5-28 108种手艺之夹缬 "王的手创"

---

❶ 苏曹木兰.当代防染艺术形式语言的跨界特征研究[D].南京:南京艺术学院,2021:12-15.

（四）手工丝网印

手工丝网印在中国起源于2000多年前，属于漏版印花工艺。而在现代的纺织品印花工艺中，丝网印花工艺更是起着主力军的作用。丝网印花工艺根据用途、经济、工艺等情况，可以用简单的手工制版、手工印花来完成，也可以运用先进的布动印花机来完成❶（图5-29）。

图5-29　手工丝网印染作品　内斯利汗·阿尔盖纳汗
（Neslihan Algünerhan）

1. 手工丝网印花的工具材料

（1）网框

网框分木质与金属两大类。手工绷网所用框架大多以木质材料为主，其成本低，方便操作。木材要求干燥、松软、不易变形，榫头要牢固。固定榫头的工艺有多种方法。金属网框多用铝合金材质，轻巧、牢固且不易变形，但上网设备较多且较复杂，多用于精细版及机械印花工艺。

（2）丝网

在人造纤维丝网被广泛使用之前多用真丝绢网，现在常用的是锦纶丝网、涤纶丝网及不锈钢丝网等。

（3）绷网夹、粘网胶

丝网一般要比网框各边长出5~10厘米，以便用绷网夹拉绷。丝网在上网框绷制之前，最好在温水中浸泡一下。手工绷网方法如同绷油画布一样，拉绷用力要均匀，钉子要钉牢固，绷完后丝网与网框接触面四边要刷上粘网胶以加固。

（4）刮刀、刮斗

刮刀一般为橡胶口，在印花中用于刮印色浆，分平口刀、斜口刀、圆口刀等，有机械印花用与手工刮印用之分。

（5）网框定位器、承印台

承印台就是指放置承印物的台面，一般要求大于承印物表面积且平整光洁，其材质也是多样的，大小长短也不同。网框定位器用于固定丝网印框与承印台，以方便印花。

2. 手工丝网印花的制版方法

（1）刻膜制版法

刻膜制版法所刻的膜，常见的有水溶性和油溶性两种，另外也有万能型的。无论哪种，

---

❶ 鲍小龙,刘月蕊.手工印染艺术设计与工艺[M].上海:东华大学出版社,2018:113—117.

其原理都是一样的。胶膜版一般是由两层贴合构成，上层为刻制膜层，下层为支承层。刻制时主要是刻制上层，除去多余不要的面积，将需要的膜面小心覆于丝网底面，采用与胶膜相应的溶剂或热压方法贴牢在丝网上。

（2）封网制版法

它是运用封网胶直接在丝网上封堵网眼。封网胶种类有水溶性、油溶性及万能型等。

（3）感光制版法

直接感光制版法是先要准备曝光好的黑白清晰的负片照相稿阳图，或涤纶薄膜或硫酸纸手绘而成的黑白稿阳图。间接感光制版法不是直接在丝网版上感光，而是将阳图曝光在红菲林上后，最后转移贴在丝网上方可印制。❶

3. 手工丝网印花的印制方法

丝网印刷技术，主要是利用丝网版图文部分网孔透油墨，非图文部分网孔不透油墨的方式进行印刷。当进行丝网印刷时，从丝网版的一端导入油墨，用刮印刮板在丝网印版的油墨部位施加一定压力，同时向丝网印版的另一端迅速移动，使油墨在刮板移动的过程中，侵入印刷物体的表面，实现物体表层性印刷。而丝网印刷原理能够顺利实施，必须保持丝网印版、刮印刮板、油墨、印刷台以及承印物各部的平整与完整，才能够确保丝网印刷工作的顺利实施❷（图5-30）。

图5-30 丝网印 梅瑞迪斯·伍德（Meredith Wood）

印制之前要确定丝网版在堵版、漏版等方面没有问题后，方可上印台或上网夹，并且需要对规矩线或规矩后才能开始印制。确定所承印物的大小及印花位置后方可正确对版印花。多套版印花时更要注意对版位置的正确性，否则便会产生错版、糊版、搭色等问题。印制不同材质的纺织品面料所用的染料、糊料、助剂等是各不相同的。

另外，在印花过程中不但要严格考虑印花浆料，而且还要十分注意刮浆力度等问题，特别是手工刮浆在给浆料方法和刮浆力度方向上都有不同的技法，其所印制出来的花纹各具特色。印花时有单独纹样和连续纹样之分，印制连续纹样时，不论是网动还是布动都要考虑到接版问题。❸

---

❶ 鲍小龙,刘月蕊.手工印染艺术设计与工艺 [M].上海:东华大学出版社,2018:113-117.
❷ 赖运花.浅谈丝网印刷的发展前景与生活中的应用 [J].轻工科技,2018,34(5):1.
❸ 同❶.

（五）雕版印刷工艺

雕版印刷术是中国古人的重要发明，是在版料上雕刻图文进行印刷的技术。最初是印书所用，将要印的字写在薄纸上再反贴于木版，用刀雕刻成阳文，使每个字的笔画突出在版上，步骤与刻章中的"阳刻"相同。雕版印刷术发明于唐朝，广泛运用于宋元时期。发展至今经历多种演变，但其本质工艺一直沿用至今，因为它的素材丰富、便携多用，看似简单重复但内含一定的技术要求（图5-31）。雕版印刷工艺派生出诸多种手工类型，深受现代手工爱好者的喜爱。

图5-31　雕版工艺

1. 雕版印工艺的工具材料

（1）版材

版料一般选用纹质细密坚实的木材，如枣木、梨木等。现代雕版印工艺的材料已不仅限于木质，胶质、橡皮、泥土甚至蔬菜的切面都可以成为可创作的模版。常见的形状有方形平版、手持圆筒形等（图5-32、图5-33）

图5-32　橡皮印章　艾丽莎·内索列诺娃
（Alesya Nesolenova）

图5-33　手工滚筒印刷　克莱尔·博赞基特
（Clare Bosanquet）

（2）雕刻工具

雕版需准备各种型号、各种刀头的刻刀（图5-34）。

（3）染料

雕版印刷时使用印油、丙烯、纺织纤维颜料等各种印染的染料、助剂。

（4）其他辅助材料

雕版印刷还会用到毛笔、毛刷、滚

图5-34　雕刻工具　玛丽娜·史迪莫洛（Marina Stimolo）

筒或海绵、转印纸、刮片、调色盘等。

2. 雕版印工艺的制作工艺

（1）绘制和转印

把图案绘制或转印在木板、泥土、橡皮等可雕塑的材质上，按照需要雕刻出凹凸质感，按照不同需要，使用毛刷、滚筒或海绵等涂抹工具将印油、丙烯或纺织颜料等均匀刷蘸于模版表面后，覆盖在面料上获取图案（图5-35）。以橡皮章雕版印步骤为例：用铅笔在转印纸上画出图案，将有铅痕的一面覆在橡皮砖上，使用刮片将图案转印在橡皮砖的表面（图5-36）。

图5-35　阿兰若（Aranya）工作室雕版印

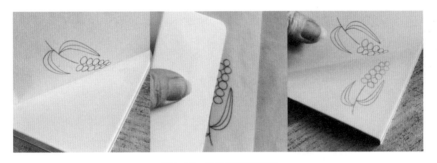

图5-36　橡皮章图案转印

（2）雕刻

按照图案特征选择使用合适刀头的刻刀，针对不同区域进行一定深度的雕刻（图5-37）。相比之下，可揭橡皮比较高效且易操作（图5-38）。

图5-37　雕刻橡皮砖

图5-38　可揭橡皮砖

（3）印制

将雕刻好的橡皮砖表面均匀涂上染料，快速、准确地印制在面料上（图5-39）。如果图案是四方连续分布，需要考虑边缘的对接版；如果图案中有套色，需要考虑套色分版的工艺（图5-40）。

图5-39　雕版印花（一）　奥尔加·佐娃·丹尼索瓦
（Olga Ezova-Denisova）

图5-40　雕版印花（二）
莉莉·阿诺德（Lili Arnold）

图5-41　雕版印

（4）凹版印刷

雕版印刷中的图案留白、底布着色的凹版印刷工艺，类似于印章的"阴刻"原理，材料、步骤、要领与凸版基本相同，在成品图案的"图"与"底"关系上存在视觉差异。因为底色的映衬，凹版印花的图案分明，衔接紧密（图5-41）。

3. 雕版印作品赏析

雕版印作品《柿柿如意》将柿子的果实、叶片、枝干进行提取组合后，以长方形适合纹样的套版套色形式完成，可作为单独纹样，也可依据边缘的接版设计实现整体连贯流畅的四方连续排列构图，可用于多种纺织品的装饰应用（图5-42）。

橡皮章雕版印作品《待雪草》将待雪草的花朵及叶片进行提取变形后，排列为二方连续纹样，单排可装饰边缘，重复累积印制后形成的图案可应用于多种纺织品的装饰制作（图5-43）。

图5-42　柿柿如意　雕版印包袋　黄芳

图5-43　待雪草　雕版印沙发巾　黄芳

　　橡皮章雕版印作品《丛生》将野菊花的花朵、叶片、茎秆进行提取后，变形为饱满的长方形适合纹样。该作品将一个模版镜面反转所形成的相对对称图案应用于包袋的表面装饰中（图5-44）。

　　使用简单的几何图案辅以明快的色彩，通过叠加的形式，组合印制为富有节奏的多变图案，并将图案应用于纺织品的装饰，既简单又不乏美感，且富有生活意趣（图5-45）。

图5-44　丛生　雕版印包袋　黄芳　　　　　图5-45　雕版印包袋　克里斯蒂娜·舒克
　　　　　　　　　　　　　　　　　　　　　　　　　　　　　（Christina Shook）

（六）草木染

　　"草木染"的染料多是采用植物的花、叶、茎、根和果实，源于自然，所以与环境亲和力好，且染液可完全生物降解，不污染环境（图5-46）。化学合成染料的原料是石油和煤炭，消耗很快且难再生，生产和使用中存在一定环境污染，如印染废水回用率低，难处理等。而天然植物染料从生物体中提取，与环境相容性好，可生物降解，并且原料可以再生。天然染料染色，不但能美化人们的生活，赋予人们生理上和心理上的舒适感，天然染料的染色品色泽自然、优雅、色调独特别致并迎合人们追求个性化、多样化的口味。❶

图5-46　草木染　瑞贝卡·德斯诺（Rebecca Desnos）

---

❶ 潘春宇,姜文.中国传统印染工艺"草木染"的传承与发展之路[J].艺术百家,2011(8):56.

常用的材料均取自大自然的植物，按其色系可分为多种色系：红色系原材料有红花、茜草、苏木等。黄色系原材料有栀子、石榴皮、槐花等。蓝色系原材料有蓼、马蓝等。咖色系原材料有茶叶、咖啡、柿子等。黑色系原材料有薯莨、五倍子、乌桕叶、栗子克等。

在染色过程中辅以碱、铁媒粉、蓝矾等媒染剂，通过浸泡、蒸煮等手法，可以达到对面料变色、控色的效果（图5-47、图5-48）。

图5-47 不同媒染剂干预的植物染　　　　　　　　图5-48 植觉 于茵

以近些年较受青睐的柿染为例，柿染的染料称为柿漆，其制作方法如下：青柿子摘下后洗净晾干去蒂后，搅碎或捣碎装入容器加水密封发酵，半个月搅动一次，三个月左右即可使用。随着发酵时间的增加，柿漆颜色会由灰绿向红褐色转变，染出的面料颜色会相应呈现出由浅至深的效果。因其染出的效果温暖质朴，柿染也被称为"太阳染"（图5-49）。

将柿漆与水按1∶1左右调和均匀后，将浸湿的布料放入调和好的染料中浸润0.5~3小时（图5-50），（也可加入碱使其颜色更深）捞出晾晒，即可完成柿染过程（图5-51）。

图5-49 柿染棉布、棉线　　　　　　图5-50 浸泡　　　　　　图5-51 晾晒

经过柿染的面料，在质感上会变得厚硬且有天然青涩的气味，这种独特的表征深受手工爱好者的追捧，将其制作为衣物、床品、茶席、杯垫等纺织品也独具禅意魅力，烘托出恬淡

质朴的田园氛围（图5-52、图5-53）。

（七）植物拓印

植物拓印指将植物以敲拓的工艺将
颜色与形状印在面料上。取形态优美、
着色力、保型性俱佳的植物花瓣或叶片
（如长寿菊、艾草、红枫、榉木、小蘗、
豌豆苗等）洗净拭干（图5-54），放置
于浅色丝、棉、麻等面料之上，覆盖便
于透视的硫酸纸或宽胶带将植物压住固

图5-52 柿染拼布包
黄芳

图5-53 柿染布艺挂饰
曹聪慧

定，使用橡皮锤或圆润光滑的石头均匀敲击叶片区域，即可获取由植物天然汁液浸染的色彩
与形状（图5-55）。植物拓印看似简单易操作，但如果要呈现清晰完美的效果却与所选取植
物的季节、品类、厚薄、选用的面料、工具、敲击的方法、力度、后期的整理养护都有关系，
只有注重细节、不断尝试探索，才能掌握要领（图5-56）。

图5-54 拓印植物

图5-55 固定植物

图5-56 植物拓印 黄芳

植物拓印获取的图案清晰脱俗，不仅适用于
局部装饰，同样适用于大面积装饰；可作为单独
图案（图5-57），亦可做二方连续、四方连续排
列构图，有着机器印花布无法取代的装饰效果
（图5-58、图5-59）。

使用植物拓印的方法获取的图案可以应用于
服装、包袋、装饰画等多种生活物品，为生活增
添了清新的意境，令人产生贴近自然的脱俗体验
（图5-60~图5-62）。

图5-57 单独图案植物拓印 黄芳

图5-58　组合植物拓印（一）　黄芳

图5-59　组合植物拓印（二）　黄芳

图5-60　植物拓印扇套
黄芳

图5-61　枫叶拓印茶席
于茵

图5-62　植物拓印猫窝
黄芳

（八）植物热转印

　　植物热转印指将植物以加热的工艺将颜色与形状印在面料上。取形态优美、完整，保型性佳的植物叶片，洗净拭干放置于浅色丝、棉、麻等面料之上，也可以对其进行有目的地排列摆放后，将面料以卷画轴的形式紧密固定、捆绑后放于容器中蒸煮30分钟后取出解绑，覆盖植物的区域着色，其他区域保持原色（图5-63）。

图5-63　植物转印染　路易斯·厄普夏尔（Louise Upshall）

（九）蓝晒

蓝晒法发明至今已有170多年的历史，它的原理及制作工艺比较简单直接，成品效果突出分明，受到很多专业人士及手工爱好者的喜爱。

蓝晒是传统手工印相工艺，作为一种独特的显影技术，蓝晒法一种是将两种化学试剂混合，通过曝光显影再水洗而产生的蓝色沉淀。在染色过程中根据负片的丰富细节会产生不同明度的晕色渐变，如今可通过Photoshop软件进行数字负片设计，然后打印输出，使蓝晒图像呈现出层次细腻、晕染清雅的特点，这种造物、造境技法在各种艺术创作中得到广泛的尝试❶（图5-64）。

图5-64 蓝晒 玛丽塔·韦（Marita Wai）

蓝晒工艺的制作步骤为：第一步，选取物品（植物、胶片、曲别针等扁平小物品等均可）（图5-65）。第二步，配置感光剂（也称蓝晒液、AB液），用刷子将其均匀涂抹在纸或布上，在避光的环境下风干。第三步，贴负片曝光。在风干后的纸或布上放置植物或打印好的胶片等，用透明玻璃板或亚克力板盖压固定后，在太阳下曝晒10~15分钟（也可使用紫外线灯）。第四步，水洗显影、晾干。移去布上的物品，将布片放在流水下冲洗至材料没有黄色水渗出后，晾干即可（图5-66）。

图5-65 蓝晒工具

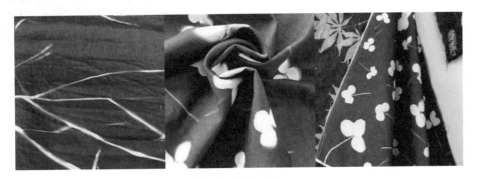

图5-66 蓝晒 黄芳

❶ 袁苗苗,叶玲红.蓝晒工艺在现代设计中的应用——以"王星记"扇子为例[J].浙江科技学院,设计与理论 093.

蓝晒技艺应用于纺织品设计还有诸多可能性有待挖掘，与数码印刷不同，蓝晒具有实在的体验感，蓝晒印相在操作过程中，从构图到制作，人们可以全身心地参与其中。脱离了数码技术，沉浸于工艺本身，用双手与自然对话，体验影像在水中慢慢变化的过程，感受手工的暖意，通过蓝晒作品诠释对美的表达，而不是单一地复制。❶

第二节　纺织品织花工艺

织花工艺在我国有着悠久的历史，随着时代的发展，各种织物材质涌现、先进设备的加持、纤维肌理艺术的诞生，使人们对织物的认识和需求发生了质的变化和提升。织花工艺所呈现的实用性与美观性，蔓延至人们生活中触手可及的方方面面，如服装、家居用品、交通工具、公共环境装饰品等（图5-67）。

图5-67　编制壁挂　乔·埃尔伯恩（Jo Elbourne）

一、基本概念

（一）织物

织物是由众多细小柔长的纱线通过交叉，绕结，连接等稳定结构关系而构成的平软片块物。分为机织物、针织物、第三织物、无纺织物、三向织物、立体织物等（图5-68）。

本节将对于常见的机织物、针织物进行简单介绍。

图5-68　古代织物与结构
北京服装学院民族服饰博物馆藏

---

❶ 单珊珊，朱小行.蓝晒技艺在纺织品设计中的创新应用 [J].大众文艺,2019(23):114-115.

1. 机织物

机织物也称梭织物，是指由存在交叉关系的纱线构成的织物（图5-69）[1]。

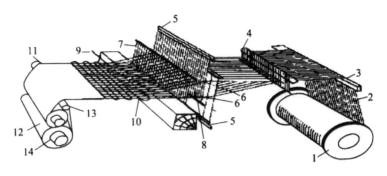

图5-69 机织物形成原理图

2. 针织物

针织物指由存在绕结关系的纱线构成的织物。按编织方法可分为经编和纬编两大类。经编指针织中利用经纱纵行结圈连成织物的方法；纬编是以一根或若干根纱线同时沿着织物的横向，循序地由织针形成线圈，并在纵向相互串套成为纬编针织物（图5-70、图5-71）。

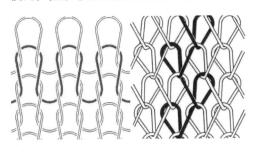

图5-70 经编、纬编结构图

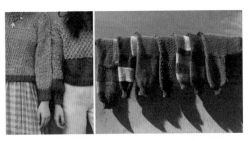

图5-71 针织毛衣 卡特·布洛索姆（Cat Bloxsom） 摩根·柯林斯（Morgan Collins）

（二）织花

织花是指用各种纱线、丝缕在织机上织成带有花纹的纺织品，织物在制作过程中经由不同色彩的纱线，按各种运动规律交织而形成有肌理质感的花纹，也称用手工编织出带有花纹的编织物。传统手工编织主要借助棉、麻等天然纤维材料，应用传统的穿、缠、结、绕等技法（图5-72）。

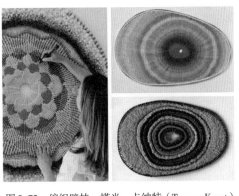

图5-72 编织壁挂 塔米·卡纳特（Tammy Kanat）

---

[1] 荆妙蕾.织物结构与设计 [M].北京:中国纺织出版社,2014:6.

编织从字面上来看，可以分为"编"和"织"两种工艺手段。"编"即"编结"，是编和结的结合，是绳线间凭借缠绕、编辫、挑压等方法组合在一起的一种形式，所以编结没有经纬的区分，缺点是织物结构会比较松散。"织"即"交织"，简单来说是绳线编制成一定面积物品的一种形式❶（图5-73、图5-74）。

图5-73 编结 真昼（Mahiru）

图5-74 织物 玛丽安娜·穆迪（Maryanne Moodie）

二、编织工艺

（一）编织工艺的分类

1. 按编织技法分类

常见的编织技法大致分为平织法、缠结编织法、栽绒法等。

（1）平织法

平织法是编织技法里最常见、最容易上手的编织方法，通常表现为一根经线压一根纬线和一根纬线压一根经线的编织方式交错织成的平整有规律的纹路，交错形成的镂空区域为正方形。可以通过改变经纬线之间的距离、色彩等，达到多变的成品效果（图5-75）。

图5-75 平织法织物 科云（Koyun）

---

❶ 万琪琪.手工编织在家居纺织品设计中的运用研究 [D].苏州:苏州大学,2020:7.

（2）缠结编织法

缠结编织法是由一根组绳线与另一根组绳线按照一定规律进行穿插、缠绕、打结的编织方法。它包括基本结（云雀结、平结、连缀结）和装饰结（金钱结、十字结、纽扣结）等 ❶（图5-76）。

（3）栽绒法

栽绒法是指于经纬之间织入丝绒后剪平，其根部竖直，如栽插而成的整齐密集的绒面，多用于铺垫，具有结实、耐磨的特点。常用于地毯的设计制作（图5-77、图5-78）。

图5-76　编织壁挂（一）朱莉娅·阿斯特雷乌（Julia Astreou）

图5-77　编织壁挂（二）凡妮莎·芭拉高（Vanessa Barragao）

图5-78　编织墙饰　杰西卡·科斯塔（Jessica Costa）

2. 按使用工具分类

根据操作过程中所使用的工具种类可分为手工编织与机械编织。

（1）手工编织

手工编织通常指的是纯手工劳作或使用棒针、钩针、棒槌、织机等简易辅助工具，结合针法、绳结艺术、图案等完成的编织物品，具有随性多变、温暖质朴的特性（图5-79~图5-81）。

图5-79　编织材料　卡里科·珂（Kaliko Co）

（2）机械编织

机械编织指用现代化的机械工具制作的编织物品。如织带机、草席编织机、地毯编织机等优点是快速高效，在满足市场经济需求的同时也存在款式单一、呆板的缺陷。

随着手工风的兴起，各类简易的织布机、织毛衣机、簇绒枪等DIY机器设备应运而生，为爱好手工制作的人们提供了介于手工与机械之间的选择体验（图5-82、图5-83）。

---

❶ 张颖.编织艺术的多元化表现[D].长春:吉林艺术学院,2017:4.

图5-80 手工编织 朱莉娅·阿斯特雷乌（Julia Astreou）

图5-81 编织饰品 萨默·摩尔（Summer Moore）

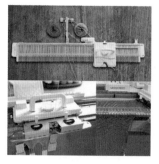
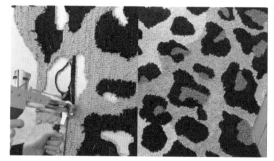

图5-82 织毛衣机
西尔弗·里德（Silver Reed）

图5-83 簇绒枪地毯 克洛蒂尔德·普伊（Clotilde Puy）

（二）编织的材料

用于编织的材料包括棒针、钩针、木框、线材等。种类繁多，对应的编织技法、应用领域各不相同。下面就几种常用的线材做简单的介绍（图5-84）。

1. 棉绳

棉绳色调质朴，手感柔韧，其天然的材质与现代家居生活装饰环境融合，多以手工编结的形式应用于壁挂、

图5-84 编织材料 纳塔莉娅（Natalia）

门帘、包袋、灯罩、地毯等（图5-85）。

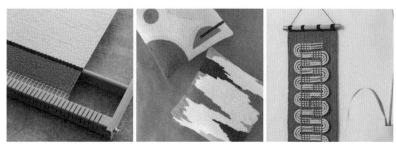

图5-85 编织壁挂、抱枕 纳塔莉娅（Natalia）

2. 麻绳

麻绳天然的亚麻色带给人自然随性的视觉效果，质地粗糙硬涩，多用于结网、裹缠、旧物再造等，具有粗犷个性的装饰感（图5-86）。

3. 毛线

毛线一般有螺旋状纹理和绒毛质感，染色色彩丰富，配合钩编工具可实现风格多变、美观实用的家用纺织品与服用纺织品（图5-87）。

图5-86 麻绳凳面 大卫家具

图5-87 毛线编织 M.L

4. 玉线

玉线质感柔和有光泽，色彩丰富，多用于编制中国结或搭配玉石珠串等随身物品，与人类生活密切相关（图5-88）。

三、织花图案设计

织花工艺巧夺天工，精妙绝伦，是现代设计的宝库，无论在制作工艺、配色、构图、图案的寓意等方面都具有较高的研究价值与观赏价值（图5-89~图5-96）。

图5-88 玉线编结 黄芳

图 5-89　唐代天蓝地牡丹
　　　　锦盘绦

图 5-90　明代四季花卉纹宋式锦

图 5-91　北朝方格兽文锦

图 5-92　明代织锦獬豸补子

图 5-93　法国花卉
　　　　纹妆花绸

图 5-94　土家族万字八勾纹锦

图 5-95　清代八仙织锦

图 5-96　波斯织锦

创新源于传承，在先人铺垫的基础上融入符合现代社会审美、生活节奏的创新设计（图5-97~图5-99）。

设计者根据市场的需要及用途，经过深刻构思，率先采用新原料、新工艺、新技术、新设备设计出风格新、功能新的产品。创新设计的产品除指前所未有的品种外，还应包括对现有品种作较大改变，使其风格迥异，具有新颖视觉、触觉效果或性能的品种。创新设计的构思来源于设计者生活、工作中的某种启迪，这种启迪的基础是设计者知识和阅历的积累，如：从自然界万物的形态及其变化中取得灵感；从美术、音乐、雕刻、刺绣、建筑等相关领域获取灵感；从传统优秀品种中采集精华，获取灵感。❶

图5-97　路易·威登
2021春夏男装

图5-98　织花围巾（一）　胡子腾（Ziteng Hu）

图5-99　织花围巾（二）　汉娜·沃尔德伦（Hannah Waldron）

第三节　纺织品刺绣工艺

刺绣是最富特色的中国民间传统手工艺之一，它的诞生至少已有两三千年历史，是古代劳动人民的智慧在艺术领域的结晶。最初是指使用针线、结合针法在织物上绣制的各种装饰图案的总称，随着时代变迁、人们生活方式的转变，以及人们审美需求的多样性，刺绣艺术发展至今亦表现出多元化的艺术形态，材质品类更加丰富，表现也更具创意（图5-100）。

❶ 王露芳,何潇湘.纹样与织物设计[M].上海:东华大学出版社,2011.

图5-100 树叶刺绣 希拉里·沃特斯·法伊尔（Hillary Waters Fayle）

一、传统刺绣

传统刺绣是我国传统手工艺的瑰宝，主要以复杂的绣图、大面积的绣工而呈现华丽繁复的视觉效果。针法以缎面绣、长短针绣、盘金绣、打籽绣（结粒绣）居多，反映出我国古代刺绣工匠的耐心专注与精湛的技艺。

（一）彩绣

彩绣是指用各色绣线绣制出多彩纹样的刺绣技艺。运用彩绣技术绣制的图案具有针法丰富、线迹精细、绣面平服、色彩鲜艳的特色（图5-101）。彩绣是刺绣种类中运用较为广泛的一种，苏绣、湘绣、蜀绣、粤绣四大名绣，都属于彩绣的范畴。彩绣通过不同色彩绣线的并置、交错、重叠等针法产生错落有致、浓淡相宜的纹样效果。

（二）雕绣

雕绣是指在绣制的过程中，按照图案设计的需要剪出各种造型的孔，在剪出的孔洞里用其他的材料绣出图案，这种绣法难度高，效果别致。在孔洞里运用的材料可以是平实的面料，也可以根据设计需要使用透明的面料，这样的组合形式，使绣面既有精致写实的纹样，又有透明玲珑的镂空纹样，虚与实相映成趣，别具美感（图5-102、图5-103）。

（三）贴布绣

图5-101 彩绣作品

贴布绣又称补花绣，是将其他布料按照设计好的图案剪贴、绣缝在服饰上的刺绣形式。因而贴布绣以块面为主，基本针法是锁边针，针脚要均匀，线迹要流畅，还可以使用平绣针、辫子针、打子针、散套针等来使绣面效果更丰富[1]（图5-104、图5-105）。

---

[1] 奚燕锋. 手工刺绣的现代应用研究 [J]. 武汉纺织大学学报, 2018(8): 1-2.

图5-102 雕绣（一）
安娜·玛科娃（Anna Markova）

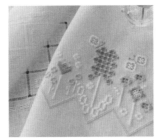

图5-103 雕绣（二） 萨克希·佐野（Sachie Sano）

图5-104 贴布绣（一）
平佐实香（Mika Hirasa）

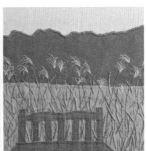

图5-105 贴布绣（二） 金志远（Jiwon Kim）

（四）包梗绣

包梗绣是直接以绣线将图案填满，一般采用基本的平针法绣制，也可结合斜行针、旋针、打子针等（图5-106）。

包梗绣也分平包绣和凸包绣，平包绣就是在图案上直接缝绣。凸包绣则是先用粗线在图案上打底，上面再用绣线填满。因而包梗绣的面积不宜大，图案要结构清晰概括，可以绣制面积较小的花纹或独瓣的花卉，这样可以形成花中套花，叶中套叶的格局，凸显图案绣制面的饱满和优美。

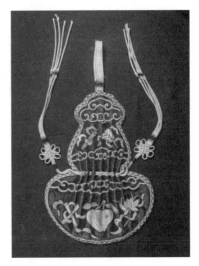

图5-106 包梗绣

（五）珠片绣

传统的珠片绣是将珠片、珠管等根据图案造型缝制在绣布上。珠片绣具有光泽绚丽的效果，能使平淡的服装显得华丽高贵，具有神奇的视觉魅力[1]（图5-107）。

---

❶ 奚燕锋.手工刺绣的现代应用研究[J].武汉纺织大学学报,2018(8):1-2.

图5-107　珠片绣　无结论工作室（Studio Non Sequitur）

（六）丝带绣

丝带绣是用色彩丰富、质感细腻有光泽的缎带为主要材料，配以一些专用的针法，在棉麻布上绣出的立体绣品。丝带绣多以立体状态的花卉形式跃然布面之上，层次分明、效果逼真，是一种令人赏心悦目的绣品形式（图5-108）。

图5-108　丝带绣（一）　玛丽亚·瓦西里耶娃（Maria Vasilyeva）

丝带绣所用的丝带宽窄不同，与刺绣相比效果粗犷，立体感强，适合绣晚装、毛衣、靠垫及各种装饰画等（图5-109）。

图5-109　丝带绣（二）　帕夫洛娃斯基·玛丽娜（Pavlovskaya Marina）

（七）十字绣

十字绣也称十字挑花，用专用的绣线和十字格布，利用经纬交织的搭45°斜十字的方法，对照专用的坐标图案进行刺绣，是一种在民间广泛流传的传统刺绣方法，具有古老而悠久的历史。任何人都可以绣出同样效果的一种刺绣方法（图5-110）。

图5-110 十字绣 斯文塔纳（Sventana）

（八）刺子绣

刺子绣起源于日本的农业时代，最初缘于保暖、装饰、节约等目的绣制。它结合了乡村风格与繁复的设计，仅以简单的运针（平针）就可完成。早期刺子绣以平行线迹为主，后期因为装饰需要，线迹图案逐步丰富起来，除了原创图案，更多吸收了日本建筑，传统纹样，美术纹样等艺术形式中的图案（图5-111）。

图5-111 刺子绣布巾 洋子（Yoko）

刺子绣的操作过程无须绣绷，行针有三个要领：首先，一针穿过多层布后再出针，不仅保证美观，也提升了效率（图5-112）；其次，讲究"三实一虚"，指面线与底线的比例为3:1（图5-113），如果比例过大、针脚分散会导致图案视感松散不易识别，如果比例过小易导致图案过密而缺少刺子绣舒适的特点；再次，通常情况下，刺子绣行针路线沿一个方向到底后再拐弯折返（图5-114），而非就近压线，这样可避免背面线迹堆叠混乱。

图5-112 刺子绣行针步骤

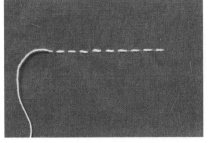

图5-113 刺子绣针距

图5-114 刺子绣路线

刺子绣的应用广泛，包括桌巾、杯垫、抱枕、背包、坐垫、被套、门帘、抽绳袋、手帕、衣物等多类纺织品中皆可见其身影，对于美化环境起到了独特作用（图5-115、图5-116）。

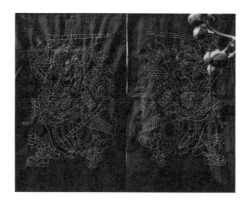

图5-115 刺子绣茶席 黄芳　　　　　图5-116 刺子绣门神门帘 于茵

（九）小巾绣

小巾绣属于刺子绣的一种，起源于日本北部青森县，相对于其他刺绣品类，小巾绣比较小众，知名度不高，但其类似于手工提花的精细程度却令人叹为观止。小巾绣属于数纱刺绣，是在经纬纱线编织均匀的布料上通过数纱来绣制出来的菱形图案，所有针脚纱线数目都是1、3、5、7等奇数。按照图谱以覆盖、留白的形式将几何形的图案凸出显现。过程耗时但实用性强，是一种彰显理性与耐性的时尚刺绣形式（图5-117、图5-118）。

图5-117 小巾绣 Kogin Noir　　　　　图5-118 纸巾包、小巾绣发夹 黄芳

图5-119 戳绣 罗斯·珀尔曼
（Rose Pearlman）

（十）墩绣

墩绣也称墩花、掇花、掇绣、戳花、戳绣，属于北方的刺绣品种之一，"墩"字道出了它质朴自然，豪放洒脱的内涵。制作墩绣的针尖处带针眼，制作墩绣时丝线先穿过针头，再穿过针眼，持针如同手执毛笔，以小鸡啄米的形态与节奏在布面上下轻墩，动作机械重复。墩绣作品以其厚重、饱满，柔软蓬松的特性常被应用于地毯、坐垫、壁挂、包袋的制作（图5-119）。

二、现代刺绣

与传统刺绣相比，现代刺绣显得更加简单时尚，符合当下人们的审美及生活节奏，其生动有意趣的形式吸引了不计其数的手工刺绣爱好者，他们沉浸于与古典对话、享受这份安逸的绣制时光，现代刺绣几乎已成为放松和怡情的一种时尚生活方式。现代刺绣针法上多以锁链绣、轮廓绣为主，图案以卡通花卉、动物、生活场景等为主，其耗时短、装饰性强、文艺气息浓厚的特点深受人们的追捧（图5-120、图5-121）。

图5-120　现代刺绣作品（一）
希拉里·沃特斯·法伊尔
（Hillary Waters Fayle）

（一）现代刺绣的分类

1. 按实现方式分类

按实现方式可将刺绣分为手绣、机绣、手推绣。

（1）手绣

手绣即手工刺绣，是中国非物质文化遗产中最珍贵的技艺之一，指以手工方式，用针和线把人的设计呈现在合适织物上的艺术。手绣效率低于机绣但多有个人的情感表达，具有独特的价值。刺绣一般以地域命名，我国手工四大名绣是苏绣、湘绣、蜀绣和粤绣，除此之外，苗绣、汴绣、鲁绣、顾绣、陕绣等地方绣品也各具特色，无不体现着当地人民对生活的热爱与智慧的结晶（图5-122）。

图5-121　现代刺绣作品（二）
斯蒂芬妮·拉普雷（Stephanie Lapre）

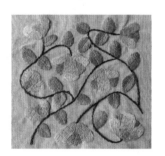

图5-122　绣品　林长莲

（2）机绣

机器刺绣（以下简称"机绣"）多指电脑刺绣。刺绣品需求量剧增、手绣生产率低下、手绣工艺品价格高昂等原因使得手绣在市场上呈现出供不应求的局面，于是，电脑刺绣便应运而生。机绣工艺主要包括以下几步：首先由专业设计师设计出绣品图案样式，后交由打版师用专业绣花软件制版并录入电脑绣花机进行试版，绣工对试绣出来的绣品颜色、针法进行反复推敲修改，最终定版并由绣花机进行批量生产。与手绣相比，机绣具有操作简便、生产效率高、加工成本低、图案样式更新速度快的特点❶（图5-123）。

图5-123　机绣　罗琳·卡尔夫
（Rolling Calf）

---

❶ 陈沙，朱毅.传统手工刺绣与电脑机绣的工艺对比[J].研究观察与思考,2018;1.

（3）手推绣

手推绣是将手绣、机绣相结合，并延续传统手工刺绣的一种民间手工艺，"手推绣"这个名词是在近几年才出现的，在没有推广之前也叫作"仿手工刺绣""碰花机绣""精美手工平车绣""万能绣"，是一种刺绣方法，是用专供缝纫、手推刺绣的机器，配合灵活的手工进行操作的推绣，主要采用的工具是手推绣机、绣花线和绷子，绣花时需用双手来回推拉配合机针完成图案的绣制（图5-124）。手推绣的特点是针迹顺、齐、平、匀、洁。顺是指针迹丝理圆顺，无错位断层感；齐是指插针整齐，边缘无参差现象；平是指手势准确，绣面平整，丝缕不歪斜；匀是指针距一致，细不露底，密不成堆；洁是指绣面的感观整洁，无墨迹等污渍。

手推绣的工艺流程，依次为画线稿、生成纸样、打版、定位、上绷、配绣线、绣花、修剪，以及后期熨烫。❶

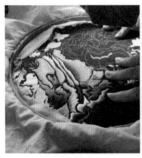

图5-124　手推绣　高彩珍

2. 按形态特征分类

按形态特征可将刺绣分为平面刺绣、半立体刺绣、立体刺绣。

（1）平面刺绣

平面刺绣是指绣品的针法覆盖于绣布表面呈现平面状态的刺绣，也是最传统、最常见的刺绣形式（图5-125、图5-126）。

（2）半立体刺绣

半立体刺绣指的是绣品有一定的立体效果但没有脱离绣布表面，此种形式一般可以通过填充、编织、针法的延续、技法的创意表达等方式来实现，具有较强的趣味性（图5-127、图5-128）。

图5-125　平面刺绣（一）
翠西（Trish）

图5-126　平面刺绣（二）
黄芳

图5-127　半立体人物刺绣
利亚姆（Liam）

图5-128　刺绣苔藓
艾玛·马特森（Emma Mattson）

❶ 金洋.传统手工艺面对现代工具的创新——以手推绣为例 [J].设计艺术研究,2018.

（3）立体刺绣

立体刺绣是指以刺绣为形式但脱离绣布表面独立成型，此种形式多结合其他材质（铁丝、干果、泡沫等）作为创作载体。常见的立体刺绣有填充、裹缠、搭建等形式（图5-129、图5-130），具有较强技术难度与一定的观赏、实用价值。

图5-129　立体刺绣（一）
小笠原里香（Rika Ogasawara）

图5-130　立体刺绣（二）
皮帕·海恩斯（Pippa Haynes）

（二）现代刺绣的工具材料

1. 绣绷、绣框、绣架

绣绷多为手持式，绣小图使用，分为松紧款、螺丝款，可根据个人习惯选择。携带方便，不受空间限制；绣框、绣架的造型、大小各异，多在绣大图时使用，会占用一定的空间，营造出古典的氛围感（图5-131）。

图5-131　绣绷、绣架

2. 绣线

绣线有棉线、纱线、金线、银线及绒等（图5-132）。

图5-132　绣线

3. 绣针

根据不同刺绣品类选择相应的绣针，如刺绣针、刺子绣针、羊毛绣针、戳绣针等，针尖、针杆、针鼻设计各不相同（图5-133）。

4. 绣布

棉麻布、丝绸、纱（图5-134）。

图5-133　绣针　　　　　　　　　　　　　　　　图5-134　绣布

5. 其他辅助物品

其他辅助物品包括剪刀、转印纸、热消笔、指套等。

（二）现代刺绣的工艺技法

1. 准备工作

（1）绷布

刺绣的绷布通常是经纬纱向，如果出现歪斜会影响刺绣过程，从而影响绣图的效果，所以熨烫平整的绣布要端正地纳入绣框，调整为横平竖直、纱向归正的状态（图5-135），并使布面保持平整紧绷。

（2）绘制图稿

此环节可依据个人习惯或能力，选择不同的辅助工具，如布用复写纸、水溶纸、刺绣模板等，配合热销笔将图案转移到绣布上（图5-136）。

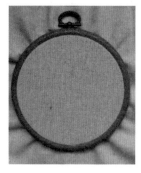

图5-135　绷布　　　　　　　　　　　　　　　图5-136　绘制图稿

（3）分线

一支绣线按始发端抽出为一股，一股由六根纱线组成（图5-137）。刺绣前将绣线进行根根拆分再重组，可使绣图达到饱满丰盈的效果；如果绣图需要硬朗有型，则不拆分绣线直接使用即可。通常情况下，将整股绣线截断为60~80cm使用比较方便。

针对一幅图案进行刺绣时，选择使用的绣线根数与绣图、成品有密切的关系，直接影响刺绣效果，需依据细致的观察与长期的经验做出准确的判断（图5-138）。

图5-137　绣线分线　　　　　　　图5-138　不同根数纱线的绣制效果对比　黄芳

2. 常用针法

刺绣针法多样，结合本教材选取以下八种常用针法进行介绍：

（1）平针

①形态与用途

直针平铺，长短可依据需要进行变化调节，常用于图案填充、刺子绣、包边部位固定等（图5-139、图5-140）。

②要领

行针均匀，间距相等。

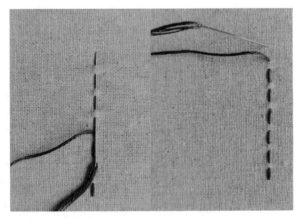

图5-139　平针针法步骤　　　　　　　　图5-140　平针图例　黄芳

（2）雏菊绣

①形态与用途

呈倒立水滴状，单粒多用于小片花瓣、叶片，多为组合使用表现花朵（图5-141）。

②要领

线圈饱满，左右对称，尾针短而精致（图5-142）。

（3）锁链绣

①形态与用途

由雏菊绣串联组合而成，外观形似锁链，多为填充使用，肌理感、装饰性强，体现卡通的趣味感；也常被用于植物枝干处（图5-143）。

②要领

间距宽窄、大小均匀相等，整体流畅（图5-144）。

（4）轮廓绣

①形态与用途

呈现立体勾线效果，常用于装饰绣图边缘，立体感强，美观性佳，在绣品中被广泛应用（图5-145）。

②要领

每针之间衔接自然顺畅，松紧适宜，可借助下针角度的调节产生粗细变化（图5-146）。

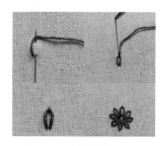

图5-141 雏菊绣针法步骤

图5-142 雏菊绣图例

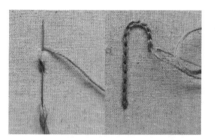

图5-143 锁链绣针法步骤

图5-144 锁链绣图例

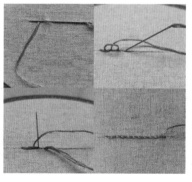

图5-145 轮廓绣针法步骤

图5-146 轮廓绣图例

（5）缎面绣

①形态与用途

直针紧密排列，因成品表面光滑如缎而得名，不同角度颜色不同，常用于大面积花瓣、叶片的填充（图5-147）。

②要领

对刺绣技术要求较高，排针细密均匀，边缘精致到位（图5-148）；可根据绣图需要在内部进行垫底或填充以达到半立体的饱满效果。

（6）结粒绣

①形态与用途

呈现圆润的颗粒状，工艺繁复，肌理感、装饰性强。适合画龙点睛的表达，多用于聚集的花蕊、浆果等（图5-149）。

②要领

绕线圈数影响结粒大小，松紧适宜，不松散（图5-150）。

（7）绕线绣

①形态与用途

与结粒绣有一定的相似之处，但绕线次数较多，可以直线排列，也可以闭合为圆圈（图5-151），多用于表达凸起质感，如花蕊、芦苇棒等（图5-152）。

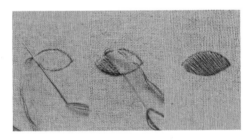

图5-147　缎面绣针法步骤

图5-148　缎面绣图例

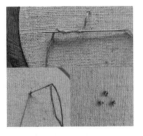

图5-149　结粒绣针法步骤

图5-150　结粒绣图例

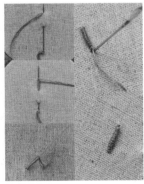

图5-151　绕线绣针法步骤

图5-152　绕线绣图例

②要领

长度、松度、形状饱满度的把控。

（8）长短针绣

①形态及用途

以长短针脚有序的穿插、交错、排列的形式，呈现出精致的肌理填充效果，技术难度较高，多用于渐变色花瓣的表现（图5-153、图5-154）。

②要领

排线有序，长短交错，过渡自然。

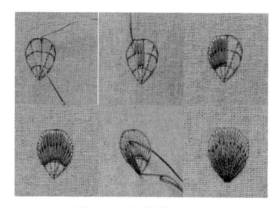

图5-153　长短针绣针法步骤　　　　　图5-154　长短针绣图例

三、刺绣图案设计

考虑到手工实现问题，设计的刺绣图案不宜过于复杂细碎而导致产生粘连混乱的视觉效果，绣图大小需要适合针法的呈现，图案才能清晰有张力。结合平面构成、图案设计知识，刺绣图案分为单独图案、组合图案，排列方式需考虑与成品的结合，一般表现为适合图案、二方连续图案、四方连续图案等（图5-155）。

图5-155　刺绣图案纺织品　樋口愉美子（Yumiko Kekiko）

第四节　纺织品纹样的其他工艺

一、纺织品手绘

（一）纺织品手绘的概念

手绘是指在织物或服装上，用颜料或染料进行描绘，古代称为"画缋"，是应用于各个行业手工绘制图案的技术手法。手绘内容很广阔，无法尽善表达。纺织品手绘指的是在织物上直接用染料作画的工艺，这种纺织品图案创造形式在家纺产品、服装配饰上均可使用，是创意产品开发的重要手段之一。纺织品手绘符合人们的绿色消费理念，满足了人们对于文艺、个性的审美需求（图5-156）。

图5-156　纺织品手绘　露西娅（Lucia）

（二）纺织品手绘的风格

常见的纺织品手绘风格大致分为泼墨晕染、工笔、装饰画涂鸦等。

1. 泼墨晕染

泼墨晕染是较为随意自由地发挥，着重于对颜料与面料湿度的掌控与后期的添加点缀。适用于较多类型的面料（图5-157）。

2. 工笔画

工笔画讲究"有巧密而精细者"，主要用来表现人物、花鸟等题材，由于织物表面材质粗细、凹凸程度不同，呈现效果会有一定的差异，适用于光滑平整的面料（图5-158）。

图5-157　晕染手绘作品
亚历山大·海纳克
（Alexandra Haynak）

图5-158　纺织品手绘作品　李俊金（Jung Jin Lee）

3. 装饰画

装饰画以平涂的笔触、色块的形式在织物上呈现图案，颜料的厚薄依据面料特性、图案自身需要而定，适用性较广（图5-159）。

4. 涂鸦

涂鸦是在随意地涂抹写画之间宣扬自己独特的见解，夸张多变的绘画风格展示给人们多样化的视觉感受与心理感受（图5-160）。

图5-159　手绘屏风　元植艺术　　　　图5-160　创意涂鸦包袋　中川彩香（Saiko Nakagawa）

（三）纺织品手绘的工具材料

1. 面料

适合纺织品手绘的面料种类较多，一般情况下棉、麻、丝、化纤、皮、纸等各种织物均可，需按不同面料的特性来选择合适的手法进行绘画。

2. 工具

纺织品手绘的常用工具分为笔和颜料。除了作画用的毛笔之外，棉签、刷子、海绵等代笔工具可以在绘制的同时营造肌理效果。纺织品手绘的常用颜料有马克笔、丙烯、纺织纤维颜料等，在保证固色、与图案风格相符的同时兼顾健康环保的理念（图5-161）。

图5-161　纺织颜料

二、拼布工艺

（一）拼布的概念

拼布是国际上非常流行的古典唯美主义手工艺。是将布料按照图谱或图案一块块拼接起来，做成实用性或艺术性的布艺作品的过程。拼布属于我国历史上古老而传统的手工艺纺织品制作工艺。最初的产生是生活所需，"百衲衣"就是典型的拼布案例。后来逐渐发展成为受世界各国布艺手工爱好者热衷的一种DIY方式（图5-162）。

图5-162 拼布、贴布服装 杰西·米尼（Jess Meany）

（二）拼布的分类

1.按难度等级分类

按照难度等级，拼布主要分为生活拼布和艺术拼布。

（1）生活拼布

生活拼布指的是日常生活中常用的诸如包袋、床品、服装、玩偶等布艺物品，这些物品也可不采用拼布的形式，拼布仅作为一种工艺或装饰被应用其上（图5-163、图5-164）。

图5-163 拼布茶席 布可思绎工作室

图5-164 拼布包 于茵

（2）艺术拼布

艺术拼布作品需要设计师在图案色彩搭配、色块拼接的方式、整体意境创意上下足功夫，制作过程中需结合娴熟的手工艺，整体难度较大、历时较久，这种极具观赏和审美价值的"生活艺术品"超脱了实用日常生活品的内涵，呈现出令人叹为观止的震撼效果（图5-165、图5-166）。

图5-165　拼布作品　金素荣　　　　　　　　图5-166　贴布风景
　　　　　　　　　　　　　　　　　　　　　透纳·齐斯克（Tonna Zieske）

2. 按工艺表现形式分类

按照工艺表现形式可分为拼布和贴布。

（1）拼布

拼布主要以拼为主，沿每块布块的边缘进行拼接缝合，缝合后，背面缝份由于分割后的重组而错综复杂，但正面依然为一个单层的平面，以几何形、自由流线形居多（图5-167）。

图5-167　拼布作品　韩国闺房工艺

（2）贴布

贴布是在一层底布的基础上使用另一种颜色或质地的面料，以藏针法或锁边针法进行预定图案的覆加，类似于早期的补丁。贴布所呈现的图案可以是平面的，也可以在其内填充丝绵等材料，以达到隆起饱满的效果，使作品更加立体丰富。贴布与拼布相比，不仅有层数上的差异，在图案的表达效果上也更加自由活泼（图5-168）。

图5-168　贴布作品　齐藤谣子（Yuko Saito）

（三）拼布的工具

拼布所使用的基本工具有：缝纫机、画布板、滚轮刀、剪刀、针、线、珠针、拼布尺、锥子、笔等。

（四）拼布的制作工艺

1. 拼布制作

（1）几何形拼布

几何形拼布一般按其基本图形的外观命名，比较基础常见的有三角、线轴、菱形、风车、枫叶、八角星、九宫格、教堂之窗、小房子等，制作过程中通常有规律可循，通过计算将步骤简化，边缝合边切割分片，提升效率的同时保证了作品的美观平整，体现出精致、严谨、壮观的艺术效果（图5-169）。

图5-169 拼布壁挂、盖毯作品 伊丽莎白·查普尔（Elizabeth Chappell）

（2）自由拼布

自由拼布由多个不规则布块组成，看似随意，实则是遵循点、线、面的设计原理进行分割的拼布图案。通常无规律可循，无捷径可走，只能将预定图案分解后再拼合，呈现出流畅、随意、错落之美（图5-170）。

图5-170 自由拼布 基瓦·莫特尼克（Kiva Motnyk）

2. 贴布制作

（1）净边贴布

贴布置于下层时被上层布覆盖，再用明线或藏针缝的方法固定；贴布至于上层时边缘缝份折于下层，用藏针法将贴布与底部完美缝合，成品精致、图案清晰（图5-171）。

（2）毛边贴布

贴布边缘外露通常不做处理，直接在靠近贴布边缘处缉明线或手缝平针固定布片，抑或将布片以粘贴的形式叠加固定，体现出随性洒脱的艺术效果（图5-172）。

图5-171　贴布茶席　于茵

图5-172　贴布作品
平佐实香（Mika Hirasa）

总之，拼布工艺作为呈现纺织品纹样的工艺之一，其复杂多变的形式，以及拼布对逻辑、手工、机缝的技术要求，吸引了众多手工爱好者不断探索，并追求其更大的可能性。

总体而言，印染、编织、刺绣、手绘、拼贴等技法在纺织品纹样中的传统呈现及创新设计装点着人们的生活。各种技法均有其特色与精髓，各领风骚的同时也相互依存，发展至今依然存在转化、创新的可能性，需要我们在了解纺织品款式结构的前提下，沉下心来探究工艺、注重细节、多练多记、设计创新，运用图案设计、手工制作等专业知识，创造更美的生活万物。通过这些艺术性的劳作，人们收获了愉悦与成就，在拥有视觉美感、精神享受与实用功能的同时，让这些古老而质朴的手工艺历久弥新得到更宽、更广地流传。

？ **课后思考**

1.结合纺织品纹样的常用工艺，思考其与专业相结合得更多、更广的可能性。

2.针对国内手工领域的现状，思考纺织品纹样的综合应用方法、各元素比重，以及适合应用的产品。

3.结合当今社会，思考传统手工艺的创新方法及时尚应用。

4.调研市场常见的纺织品图案，分析其应用的方法、优势与不足。

📖 **延伸阅读**

1.王利.印花纹样设计与应用[M].北京:中国纺织出版社,2017.

2.鲍小龙,刘月蕊.手工印染艺术设计与工艺[M].上海:东华大学出版社,2018.

3.荆妙蕾.织物结构与设计[M].北京:中国纺织出版社,2014.

4.朱利峰.传统手工艺创新设计与制作——布艺[M].北京:中国电力出版社,2018.

5.英国探索出版社.刺绣经典针法与图案:缎带绣[M].北京:河南科学技术出版社,2021.